수학을 좋아하지는 않지만,
어쩌면 재미있을지도 모르는

수학을 좋아하지는 않지만,

어쩌면 재미있을지도 모르는

니노미야 아쓰토 지음
박제이 옮김

문학수첩

"저, 수학과 출신이랑 소개팅한 적이 있어요."

시작은 술자리에서 우연히 나온 이 말이었다.

"어땠어요?"

나는 담당 편집자 소데야마 씨에게 물었다.

"그게…… 좋은 분, 네, 좋은 사람인 건 틀림없었어요. 그런데 대화가 뭐랄까, 이어지지 않는 거예요."

베테랑 편집자인 소데야마 씨와 대화가 이어지지 않는다니?

"어떤 화제를 꺼내도 대화가 끊기더라고요. 중간에는 '그래요'나 '흐음' 정도로 대꾸한 기억밖에 없어요. 끝까지 대화를 이어 갈 만한 포인트를 못 잡겠더라고요."

소데야마 씨는 이마에 손을 대고 후우 한숨을 쉬었다.

꽤나 난처했던 모양이다. 아마 상대방도 마찬가지였으리라. 그건 그렇고, 상대방의 머릿속은 어떤 생각으로 가득 차 있었을까?

수학자란 어떤 사람들일까? 같은 학자라 해도 곤충학자나 민속학자와는 또 다르다. 그들이 탐험하는 세계는 숫자만으로 이루어져 있다. 나로서는 상상하기조차 힘든 추상적인 세계다.

"수학이란 참 아름답지요."

소주를 들이키던 월간 《소설 겐토》의 아리마 편집장이 문득 아련한 눈빛으로 말했다.

"하지만 어떤 식으로 아름다운지는 잘 모르겠어요. 수식만 봐도 무슨 소린지 모르겠고요."

나도 고개를 끄덕인다.

"수학자에게만 보이는 세계가 있지 않을까요? 만났을 때 그런 걸 물었다면 재미있었을지도 모르겠어요."

나는 머릿속에서 수학자의 생각을 그려 보았다. 최소한의 가구만이 놓인 새하얀 방. 안락의자를 흔들면서 혼자 조용히 생각에 잠긴 신경질적인 남자. 집중하고 있다. 귀에는 잡음이 들어가지 않는다. 문득 손가락으로 허공에 알 수 없는 도형을 그리는가 싶더니 "이거야!"라고 소리치며 벌떡 일어선다. 그리고 수식을 종이에 맹렬히 써 나간다. 보통 사람은 이해할 수 없는 치밀하고 숭고한 어떤 개념이 만들어진다.

물론 멋대로 한 상상에 불과하지만, 왠지 멋있다.

이제 와서 수학자가 될 수는 없다. 하지만 조금이라도 좋으니 그 로망을 맛볼 수는 있지 않을까?

그때 소데야마 씨가 말했다.

"그럼 만나러 가 볼까요?"

이렇게 수학자를 알아 가는 여행, 어쩌면 소데야마 씨에게는 소개팅 복수극일 수도 있지만, 아무튼 그런 일의 막이 올랐다.

차 례

들어가며 · 4

아름다운 수학자들 1

1. 수학자와 처음 만난 날 · 11
구로카와 노부시게(도쿄공업대학 명예교수)

2. 문제를 푸는 것보다 만드는 것이 중요하다 · 25
구로카와 노부시게(도쿄공업대학 명예교수)

3 수학을 공부하는 것은, 인간을 공부하는 것 · 43
가토 후미하루(도쿄공업대학 교수)

4 예술에 가까울지도 · 63
지바 하야토(도호쿠대학 교수)

재야의 연구자들

5. 일상과 수학, 두 세계 · 89
호리구치 도모유키(수학교실 강사)

6. 개그 소재가 진리로 향한다 · 108
다카타 선생님(개그맨)

7. 이렇게까지 좋아질 줄은 몰랐다 · 134
마쓰나카 히로키(수학교실 강사), 제타형님(중학생)

아름다운 수학자들 2

8. 수학이 싫어질 리가 없다, 나 그 자체니까 · 161
쓰다 이치로(주부대학 교수)

9. 약간은 수행 같아요 · 183
후치노 사카에(고베대학 교수)

10. '수학이란 이것이다'라고 선을 그어서는 안 되지 않을까? · 215
아하라 가즈시(메이지대학 교수)

11. 열심히 했지만 그곳에는 아무도 없었다 · 241
다카세 마사히토(수학자 · 수학 역사가)

12. 아름다운 수학자들의 일상 · 265
구로카와 노부시게, 구로카와 에이코, 구로카와 요코

취재에 응해 주신 분들 • 292

아름다운 수학자들 1

1
[수학자와 처음 만난 날]

구로카와 노부시게(도쿄공업대학 명예교수)

도쿄공업대학 본관 로비에서 소데야마 씨가 수첩을 확인하더니 고개를 끄덕였다.

"14시에 3층 어딘가에서 만나기로 했어요."

영문을 알 수 없어 되묻는다.

"어딘가가 어딘데요?"

"몰라요. 3층 어딘가에 계신대요."

"……."

"돌아다니다가 우연히 만나기를 기다려야죠."

마치 야생 포켓몬을 찾는 듯한 작업이 시작되었다. 그건 그렇고 약속 참 대충이다. 학자라고 모든 일을 꼼꼼히 하지는 않는 모양이다.

그리고 정말로 3층 어딘가, 복도 어중간한 곳에서 여유롭게 걷고 있는 구로카와 노부시게 선생님을 발견했다. 키가 크고 덩치가 좋으며 양복을 잘 갖춰 입었으나 배가 조금 나온, 곰 같은 푸근한 인상이다.

"아아, 안녕하세요. 인터뷰하러 오신 분들이죠?"

일본을 대표하는 수학자 중 한 사람인 구로카와 선생님은 활짝 웃으며 손을 흔들었다.

종이로 가득 찬 연구실

"퇴근 직전이기도 해서 지금 좀 어지럽기는 한데."

구로카와 선생님은 부끄러운 듯 머리를 긁적이며 연구실을 보여 주었다. 나와 소데야마 씨는 눈을 휘둥그레 뜨고서 연구실 안을 둘러봤다.

"종이가 여기저기 있기는 하네요……."

있는 건 종이뿐이다. 하지만 그 종이가 너무 많다. 바닥을 가득 채운 정도가 아니라, 아예 방 안을 가득 채우고 있었다. 바닥이건 선반이건 할 것 없이 물건을 올려놓을 수 있는 곳이면 빠짐없이 A4 용지가 쌓여 있었고, 심지어 무너져 버린 종이 더미도 여럿 있었다. 다 합치면 수만 장쯤 될까. 흰 성벽 틈새로 책상인 듯한 물체가 어렴풋이 보였다.

그러나 이 종이 더미야말로 구로카와 선생님의 연구 성과라고 한다.

"저는 도치기에 살기 때문에 왕복 다섯 시간 걸려서 전철을 타고 도쿄공업대학까지 출퇴근을 해요. 그 시간 동안 연구를 하는 거지요."

통근 가방 안에는 달랑 연필과 종이만 들었다. 필요한 도구는 그것뿐이다.

"종이에 수식 같은 것을 이렇게 써 나가다 보면…… 50장 정도 모이면 논문이 한 편 완성돼요. 그런 생활을 이어 온 지도 이래저래 40년이 됐네요. 우쓰노미야선 정방향 안쪽 박스석 창가 자리, 거기가 제 지정석이에요."

"출퇴근하는 동안 줄곧 하시는 건가요?"

"네. 두 시간 반이 전혀 길게 느껴지지 않아요. 청춘 18티켓(JR보통열차와 쾌속열차를 하루 종일 무제한 이용할 수 있는 티켓. 티켓 판매와 이용 가능 기간이 한정되어 있으며, 일반적인 이용 요금보다 무척 저렴한 편—옮긴이)을 사서 아침부터 밤까지 계속 전철을 타고 연구를 한 적도 있어요. JR에 감사할 일이죠."

대학 연구실은 그저 종이를 보관하는 창고이고, 전철 안이야말로 구로카와 선생님의 연구실인 셈이다.

"잠깐 보여 주실 수 있을까요?"

종이에는 둥글둥글한 글자로 뭔가가 끝도 없이 적혀 있었다. 물론 뭐가 쓰여 있는지는 모른다. 아무래도 수식인 모양인데 추상적인 그림 같기도 하고, 모르는 언어로 쓰인 문학 같기도 하다. 구로카와 선생님이 전철 안에서 한 장 한 장 쉬지도 않고 적어 내려간 것들이었다.

“연구 중에 막힐 때는 없으세요? 도저히 문제가 안 풀린다든가.”

“으음, 딱히 없어요.”

구로카와 선생님은 시원스레 대답했다.

“논문 한 편은 한 달 정도면 완성해요. 물론 그 한 달은 연구뿐 아니라 수업 준비를 하는 시간 등도 포함되지만요.”

연구라는 게 그렇게 척척 풀리는 건가?

듣자 하니 구로카와 선생님이 수학의 즐거움에 눈뜬 것은 초등학교 때로, 친구와 서로 수학 문제를 내면서 놀았다고 한다. 고등학생 때부터는 직접 만든 문제를 수학 잡지에 응모해서 여러 번 뽑히기도 했다.

나랑은 아예 두뇌 구조 자체가 다른 사람인 것 같다. 나는 으음, 하고 고개를 끄덕이며 연구실을 나왔다.

답을 찾는 데만 5년 이상

칠판과 책상, 의자만 있는 수학과 교실에서 구로카와 선생님은 나에게 저서 한 권을 주었다. 제목은《리만과 수론》.

“이런 식으로 하면 ‘리만 가설’을 풀 수 있지 않을까? 하는 내용의 책이에요."

"네? 리만 가설이라 함은……?"

"그러니까…… 유명한 미해결 문제 중 하나예요."

한마디로 아직 세계에서 누구도 푼 적 없는 수학 문제다. 이 '리만 가설'은 그런 문제들 중에서도 꽤 난제라고 한다. 어느 정도 어려우냐면 미국의 한 연구소가 이 문제를 푼 사람에게 100만 달러(약 1억 엔)를 준다고 발표했을 정도다. 상금이 걸린 거물인 것이다.

"그 리만 가설을 푸셨다는 말씀이세요?"

바로 내 눈앞에 있는 구로카와 선생님이 전 세계 수학자가 노리는 거물을 차지했다니! 하지만 성급한 판단이었다.

"아, 아니요. '아마도 이런 식으로 하면 풀리지 않을까?' 하는 거죠. '리만 가설'이라는 문제를 만든 장본인인 리만은 서른아홉에 세상을 떠났어요. 그가 조금 더 오래 살았다면 이런 식으로 풀었을 것이다, 라고 마지막에 썼지요."

나는 고개를 갸웃했다.

"그게 문제를 푼 것과 다른가요? 이런 식으로 풀었을 것이다, 하는 건 푼 거랑 다름없지 않나요?"

"그게 수학의 경우에는 달라요. 실제로는 논문이라는 형태로 전문 잡지에 제출해서 레프리Referee, 그러니까 심사를 받아야 해요."

"정말로 풀었는지 아닌지 제삼자가 확인한다는 말씀인가요?"

"그렇죠. 게다가 결과가 나오기까지 시간이 꽤 걸려요. 가령 얼마 전 교토대학의 모치즈키 신이치(望月新一) 선생님이 ABC 추측을 풀었다고 떠들썩했는데, 그 건도 심사가 이어지고 있어요."

"기간이 어느 정도인가요?"

"벌써 5년이 돼 가요."

5년! 나는 눈을 휘둥그레 떴다.

"문제를 푸는 것만으로도 힘들 텐데, 그 답이 맞는지 확인하는 데 그렇게 시간이 걸리나요?"

"모치즈키 선생님의 논문은 수학의 언어부터 새로이 만들어 버렸어요. 다른 사람이 공부해 온 수학과는 언어부터 전혀 다른 거예요. 그래서 시간이 더 걸리는 거겠지요. 논문 내용을 이해하는 일부터가 어려우니까요."

어렵다. 그 어려움의 차원이 터무니없다.

책 끝부분에 해답지가 실려 있는 참고서 문제를 푸는 일과는 꽤 거리가 있어 보인다.

"그러면 그 '리만 가설'이 풀리면 좋은 점이 뭔가요?"

"간단히 말하자면 소수가 어떻게 분포되어 있는지를 알게 되지요."

나왔다. 소수.

실은 구로카와 선생님을 만나기 전에 약간 예습을 해 온 터였다. 그래 봤자 수학자가 쓴 자서전을 읽거나 수학자를 다룬 소설이나 영화를 보는 정도였지만, 그러는 와중에 하나의 의문이 싹텄다.

수학자들, 소수를 너무 좋아하는데?

소수란 1과 자기 자신으로만 나누어떨어지는 수다. 2나 3, 5 등이 이에 해당한다. 확실히 특징적인 수이기는 하지만 도로 표식에 소수가 있다고 팔짝 뛰어오른다든가, 제비뽑기 할 때 일부러 소수를 뽑았다는 이야기를 들으면 약간 고개가 갸웃거려진다. 창작인가, 아니면 과장인가?

그러나 실제로 엄청난 수고를 들여서 2400만 자리나 되는 소수를 발견하고서 기뻐하는 사람이 있다. 3과 5처럼 차이가 2인 소수의 쌍을 '쌍둥이 소수'라고 부르며 귀여워하기도 한다. 마찬가지로 차가 4인 소수의 쌍을 '사촌 소수', 차가 6인 경우를 '섹시 소수'라고 부르는 장난기라니.

다만 섹시 소수는 6월을 나타내는 라틴어에서 유래하는 명칭이므로, 장난스럽게 생각한 건 나 혼자뿐이었지만.

대체 왜 그렇게 소수를 아끼는지 물어보았다.

"'만물은 수(數)다'라고 피타고라스라는 학자가 말했는데요."

구로카와 선생님은 싱글벙글하며 고개를 끄덕였다.

"그는 음악의 선율부터 혹성의 운행까지, 자연계의 모든 법칙을 수식으로 나타낼 수 있다는 사실을 깨달았어요. 세상을 표현할 하나의 형태가 수인 거죠. 그 수를 분해하다 보면 반드시 소수에 도달해요. 사물을 분해하다 보면 반드시 원자에 당도하는 원리와 같은 거죠."

모든 수는 소수의 조합으로 표현할 수 있다. 즉 소수란 수학 세계의 원료인 셈이다. 수소나 알루미늄처럼.

그렇구나. 그렇다면야 아낄 수밖에.

소수의 분포를 파악하면 원료가 어떻게, 얼마나 존재하는지 알 수 있다. 수학에 대한 이해도가 단숨에 깊어지는 것이다.

"다만 원자도 에너지를 올리다 보면 언젠가는 분해돼 버리죠. 소립자 같은 거로 변해 버려요. 마찬가지로 수학에서도 가령 5는 소수지만 근호(√‾)라는 개념을 사용하면 어떤 의미로는 분해가 되죠. 그러니 소수가 '분해될 수 없는 재료'로 있을 수 있는 것은 정수의 세계에서뿐이에요. √‾를 이용한 또 다른 수학 세계도 있어요. 소수를 아끼는 건 그런 다양한 선택지 중 세상을 바라보는 하나의 방식인 거죠."

고개를 끄덕이면서 나는 신기한 기분에 휩싸였다. 돌연 수학이 실체를 지닌 채 다가오는 느낌이 들었다.

수학자는 수식 안에서 소수를 도출할 때 유리병 안쪽을 흐르는 수은을 바라보는 듯한 느낌을 받을까? 동과 주석을 섞어서 청동을 만들 듯, 소수를 곱하여 무언가를 만들어 내는 것일까?

인간은 '다 먹을 수 없는' 문제

"리만 가설을 실제로 푸는 건 역시 어려운가요?"

"인간이 다루는 한계에 가깝다고 생각해요. 어떻게 보면 150년 동안 앞으로 나아가지 못하고 있으니……."

아무렇지 않게 150년이라는 말이 나오자 말문이 막힌다.

"그런 문제는 어떻게 푸나요?"

"그대로 생각하기는 어려우니 그걸 풀기 위한 새로운 문제를 만들거나 아주 조금 변형시켜서 조금씩 풀어 나가지요."

도저히 한 번에 먹을 수 없는 엄청나게 큰 파르페가 있다고 치자. 먼저 웨하스를 먹고 그다음에 아이스크림을 공략한다. 혹은 과일 부분을 믹서로 돌려 주스로 만들어 공략하기 쉽게 만든다. 대충 그런 느낌이다.

"이 경우의 리만 가설, 저 경우의 리만 가설, 이런 식으로 세분화해서요. 그중 몇 개는 확실히 풀렸거든요."

"웨하스나 아이스크림 같은 일부는 공략했다는 말씀이시군요."

"네. 그런 걸 보면 힘이 나요."

“그렇군요……. ‘이 경우의 리만 가설’의 종류, 즉 파르페의 재료는 몇 개 정도 있나요?”

“지금으로서는 무한개 있다고 밝혀졌지요.”

“…….”

다 못 먹겠는데?

“푸는 동안 조금씩 다른 문제로 변해 버리거든요. 정수론이 기하가 되기도 하고, 리만 가설에서 그 변형인 라마누잔 가설이 되기도 하고, 또 라마누잔 가설을 풀면 페르마 정리가 풀릴 수도 있고요. 그렇게 이쪽저쪽으로 파급해서 전진하기도 하지요.”

“문제가 문제를 낳거나 다른 문제를 푸는 힌트가 되기도 하는군요.”

엄청나게 큰 파르페 공략에 썼던 기술이 엄청나게 큰 덮밥에 응용되기도 한다. 그것을 본 사장님이 그렇다면 이것도 먹어 보라고 엄청나게 큰 라멘을 메뉴에 추가하기도 한다. 그렇게 절차탁마하는 것이다.

“그럼 언젠가 리만 가설도 풀리겠네요.”

분명히 진전은 있어요, 라고 답하면서도 구로카와 선생님은 고개를 갸웃했다.

“다만 문제가 풀린다는 게 우리로서는 그렇게 기쁜 일은 아니에요. 장사 밑천이 하나 없어져 버리는 일이니까요…….”

"수학의 세계에서 풀 문제가 없어서 장사를 못 하는 일이 일어날 수 있나요?"

"문제는 없어지지 않아요. 얼마든지 만들어 낼 수 있으니까요. 다만 지금의 인간이 풀 수 있는 문제가 없어질 위험은 있지요."

그렇구나. 수학에는 인간의 능력을 넘어선 문제라는 게 존재할 수 있는 것이다.

"진화한 인공지능이나 다음 세대의 생물이라면 풀 수 있을지도 모르죠. 하지만 인간은 그들이 그런 문제를 푸는 걸 볼 수는 있어도 이해할 수는 없겠지요."

"풀렸는데도 이해를 못 한다는 건가요?"

"네. 왜 풀렸는지 모르는 거죠. 문제에는 적절한 수준이라는 게 있어서 그저 어렵기만 해서도 안 돼요."

"그럴 때는 어떻게 하나요?"

"수학의 발전 역사를 보면 잘 알 수 있지요. 너무 어려워져서 벽에 부딪히면 수학 자체의 구조를 바꾸기도 해요. 그렇게 쉬운 부분부터 다시 출발하는 거죠."

딱 알맞은 난이도의 퍼즐을 만들어서 계속 푸는 것과 같은 이치일까?

"그렇게 만든 '새로운 수학'을 발전시켜서 근본부터 다시 검토할 수 있으니 이전 수학이 쌓아 두었던 문제가 단숨에 풀리기도 해요.”

“그 ‘새로운 수학’이란 예를 들자면 어떤 걸까요?”

“글쎄요. 여러 가지 있으리라고 생각해요. 저는 요새 ‘1밖에 못 쓰는 수학’이라는 것을 고안하고 있어요.”

구로카와 선생님의 눈은 반짝반짝 빛났다.

1밖에 못 쓰는 수학. 웨하스만으로 만들어진 파르페. 짐작하기는 조금 어렵지만 새롭다는 것만큼은 확실하다.

‘수식’에서 성격이 드러난다

호기심이 들어 이런 질문을 해 보았다.

“수학자들끼리 모였을 때는 어떤 이야기를 하나요? 역시 수식은 아름답다든가, 그런 이야기인가요?”

“어떤 수식을 좋아하는지는 각자 달라요. 일종의 그림 취향 같은 거죠. 하지만 잡담할 때 그렇게까지는……. 좋아하는 수학자 이야기로 분위기가 달아오르기는 하지요.”

의외다. 수학자의 관심은 어디까지나 수학에 머무를 뿐, 인간은 아니라고 믿었는데.

“그건…… 가령 역사가 좋다든가, 오다 노부나가 이야기로 흥분한다든가 하는 식인가요?”

“비슷하겠지요. 리만 논문도 말이죠, 손으로 쓴 게 남아 있는데 그걸 보면 성격을 알 수 있어요.”

"수식에 성격이 드러나나요?"

"네, 그럼요. 가령 리만의 수식은 약간 어둡고 내향적이에요. 반면에 오일러는 밝고 자신감이 넘치죠."

최고 난이도로 유명한 리만 가설을 만든 리만은 약 150년 전 인물이다. 한편 수학계의 거인이라 불리며 방대한 업적을 남긴 오일러Leonhard Euler는 약 250년 전 인물. 리만은 그 업적을 충분히 이해 받지 못한 채 서른아홉에 결핵으로 세상을 떠났다. 오일러는 시력 저하로 고통받다가 결국 양쪽 눈이 실명되지만, 구술필기로 방대한 논문을 남겼다.

무기질인 수식 뒤편에 인간의 삶이 남아 있다.

문득 구로카와 선생님이 말했다.

"수학을 하다 보면 말이죠, '도대체 내가 이걸 이해할 수 있을까?' 하고 불안해질 때가 있어요. 문제든 증명이든."

"헉, 구로카와 선생님도 수학을 하다가 불안할 때가 있으시군요?"

"그럴 때는 말이에요, 과거 수학자들이 손으로 쓴 논문을 읽어요. 자필 논문이 남아 있거든요. 도서관 같은 데서 볼 수 있어요. '이것도 결국 사람이 했구나'라는 사실을 알게 되면 나도 할 수 있을 것 같아서 힘이 나요. 친근감을 느끼는 거죠."

수학자로서 수식을 보면서 그 너머에 있는 '이것을 쓴 사람'까지 시야에 들어오는 것이다.

"수학은 인간에서 인간으로 전해지는 것이라고 생각해요. 리만은 그렇게 젊은 나이에 죽었으니 얼마나 원통했을까 싶고요. 그 원통함을 풀어 주고 싶다, 지금의 수학이라면 오일러가 당시 할 수 없던 것을 할 수 있을지도 몰라, 그렇다면 우리가 그걸 해야지. 이런 생각이 드는 거죠."

싱글벙글 웃는 구로카와 선생님에게서 같은 세계에서 싸웠던 동료들에 대한 애정이 느껴졌다. 아득히 먼 2500년 전 피타고라스부터 수많은 사람의 손을 거쳐 이어져 온 바통은 지금 구로카와 선생님의 손에 들려 있다. 사는 나라나 시대는 다르지만, 수학이라는 공통어가 그들을 연결해 온 것이다.

구로카와 선생님의 연구실을 다시 한번 둘러본다. 이 방대한 손 글씨 메모를 보고서 젊은 수학자가 그 바통을 받아 들겠지.

꽤 큰 착각을 했던 것 같다. 숫자만 생각한 사람은 수학자가 아니라 바로 나였다. 나는 지금껏 숫자 너머에 있는 수학자들을 보지 않았으니까.

나는 소데야마 씨와 얼굴을 마주 보고 고개를 끄덕였다.

이건 소개팅 복수 정도로 그칠 일이 아니다. 수학자들을 더욱 제대로 알고 싶다고, 다시금 결의를 다진 순간이었다.

2

문제를 푸는 것보다 만드는 것이 중요하다

구로카와 노부시게(도쿄공업대학 명예교수)

"그런데 풀면 1억 엔(한화 약 10억 원—옮긴이)을 받을 수 있는 수학 문제가 있다니, 약간 설레는데요?"

어느 날 미팅 중에 소데야마 편집자가 커피를 홀짝이며 어딘가 먼 곳을 바라보았다.

"시험과는 달리 그거라면 도전하고 싶은 마음도 드네요."

"실은 그 후로 좀 찾아봤는데요."

나는 레모네이드를 곁에 두고 몸을 앞으로 내밀었다.

"수학의 세계에는 그런 거물이 아직 몇 마리나 있다고 해요. '밀레니엄 현상 문제'라고 아세요?"

소데야마 씨가 고개를 갸웃한다.

"2000년에 미국 클레이 수학연구소Clay Mathematics Institute, CMI라는 곳에서 일곱 개의 미해결 문제에 상금을 걸었어요. 각각 현상금 100만 달러, 그러니까 약 1억 엔씩. 리만 가설도 그중 하나고요. 그 외에 P≠NP 가설이라든가, 호지 추측이라는 게…….”

“그 말인즉슨, 수학 세계의 끝판왕이 아직 일곱 마리 남아 있다는 뜻인가요? 경쟁률이 낮아 보이는 걸 노리면 우리에게도 일확천금의 기회가 있을지 몰라요.”

“아, ‘푸앵카레 추측’은 러시아 수학자가 풀었대요. 그러니 남은 건 여섯 마리네요.”

아무리 그래도, 라고 우리 둘은 고개를 갸웃거렸다. 먼저 의문을 제기한 이는 소데야마 씨였다.

“왜 수학 문제는 ‘가설’이나 ‘추측’이라고 부르는 걸까요? 이렇게 되면 좋겠다, 는 뜻일까요? 뭔가 신기한 표현이에요.”

그러고 보니 의무교육에서 배워 온 수학에 추측이나 가설 같은 건 없었다.

“일단 그것에 관해서도 조사해 봤는데요. 답을 추측할 수 있다, 뭐 그런 느낌인 모양이에요. 가령 제가 ‘모든 인류의 점 개수를 합하면 짝수가 된다’고 생각했다고 쳐 보죠.”

“어, 그래요?”

“아뇨, 모르죠. 확인해 본 적이 없으니까. 누구도 확인한 적이 없고, 누구도 푼 적이 없으니까 이건 미해결 문제가 되는 거죠. ‘니노미야 가설’이라고나 할까요.”

"니노미야 가설."

앵무새처럼 따라 하는 소데야마 씨를 향해 나는 숨도 쉬지 않고 줄줄 말했다.

"이걸 확인하는 것이 곧 문제를 푸는 거래요. 즉 옳다고 증명할 수 있다면 니노미야 가설은 해결되는 거죠. 혹은 틀렸다는 사실을 제시할 수 있어도 해결이고요."

"그렇군요. 아직 누구도 푼 적이 없는 문제라면 답을 맞힐 수가 없으니까요."

"바로 그거예요. 답을 아직 모르니까 그 이전 상태인 거죠. 우리가 시험에서 접하는 수학 문제랑은 약간 다르죠."

"답을 맞힐 수 있는 상태로 만드는 게 곧 문제를 푸는 거다? 아아, 그래서 가설이군요. 그 때문에 정말 풀었는지 심사하는 데도 시간이 걸리는 거고요."

소데야마 씨는 알았다는 듯 줄곧 고개를 끄덕였지만, 이번에는 내가 머리를 감싸 쥐었다.

"그렇긴 한데요."

"아직 뭔가 문제가 있나요?"

"개인적으로는 '니노미야 가설'도 꽤 난제라고는 생각해요."

"모든 인류의 점 개수였던가요?"

"네. 확인하기가 쉽지 않아요. 그런데 같은 난제라도 '니노미야 가설'에는 아무도 흥미를 보이지 않고 '리만 가설'에는

1억 엔이나 상금이 걸린 채 수많은 수학자가 해결하려고 인생을 바치고 있죠. 이 차이는 어디에서 오는 걸까요?"

잠시 둘이서 고개를 갸웃거려 봤지만 답이 나올 리 없었다.

"수학자에게 물어보죠."

소데야마 씨의 제안에 우리는 고개를 끄덕였고, 다시 도쿄공업대학으로 향했다.

100년 정도 풀 수 없는 '가설'은 흔하다

"역시, 눈보라를 헤칠 만한 가설이었다는 얘기군요."

구로카와 노부시게 선생님은 어딘지 수학의 세계답지 않은 표현을 썼다.

"원래는 수백 수천 개의 가설이 있었을 거예요. 하지만 100년, 200년이 흐르는 동안 아주 일부만 남죠. 심사 위원이 있는 게 아니라서 시간이, 역사가 어떤 가설이 중요한지 정하게 돼요."

"역시 내용이 흥미로운지가 결정적일까요?"

"그렇죠. 그게 해결되면 수학 세계의 전망이 한층 밝아지는 거죠."

그러고 보니 점의 개수가 홀수인지 짝수인지를 밝혀낸다고 해도 인생의 전망이 그다지 나아질 것 같지는 않다. 어렵기만 해서는 '좋은 가설'일 수 없는 것이다.

"공표한 가설이 수많은 사람의 연구 목표가 되어야 비로소 '○○가설'이라고 불리게 돼요. 공표해도 아무도 상대해 주지 않은 채로 묵살당하는 일도 많아요. 안타깝지만 그편이 더 일반적이죠."

"아무도 상대해 주지 않으면 그때부터는 어떻게 하나요?"

"남몰래 연구 목표로 삼아 혼자 계속 연구하는 거죠."

"다시 말해 자기 혼자서 자신의 가설에 매진한다는 거군요."

"네. 수학 연구라는 게 다소, 이른바 공표와 미공표에 걸쳐진 가설의 연속이라고 할 수 있거든요."

그때 새로운 의문이 솟아올랐다.

"애초에 가설은 왜 공표하나요?"

정말 흥미롭거나, 수학의 세계를 완전히 뒤흔들 문제가 떠올랐다면 오히려 혼자만 간직하고 싶지 않을까? 문제가 풀리기까지 잠자코 있고 싶지 않을까? 가령 소설은 좋은 아이디어가 떠오르면 완성하기까지 입 밖으로 내고 싶지 않다. 입 밖으로 냈다가 누가 먼저 써 버리기라도 한다면……? 생각하고 싶지도 않다.

구로카와 선생님은 미소를 잃지 않고 천천히 고개를 끄덕였다.

"혼자 생각해서 혼자 푸는 게 즐거울 수도 있죠. 당분간은요. 하지만 정말 어려운 문제는 100년이 지나도 풀리지 않는 경우가 흔해요. 참고서와는 다르게 아무도 답을 내주지 않죠. 그래서 공표하는 거예요. 너희도 한번 도전해 봐, 하는 느낌으로."

"혼자 상대하기에는 너무 벅차다는 뜻인가요……?"

"혼자서만 갖고 있으면 그대로 매장되어 버리니까요. 그렇다면 공개하는 편이 나은 거죠. 바꿔 말하자면, 그렇게 어렵지 않은 가설은 스스로 풀어서 논문으로 쓰지요. 수학 논문이라는 건 대체로 그런 식으로 작성돼요."

"그렇다면 가설을 공개하는 시기는 자신의 한계를 깨달았을 때인가요?"

"그 경우가 가장 많지 않을까요? 아무리 생각해도 도저히 어쩔 수 없을 때, 결국 끝이 보일 때가 있죠. 그럼 누군가에게 좋은 풀이법이 있지 않을까 하는 생각이 드는 거예요. 어떤 의미에서는 '포기'에 가까운 감정도 있지요."

어딘가의 누군가가 그것을 알고 싶었지만 결국 포기하기에 이른다. 그러나 마찬가지로 알고 싶다고 생각한 사람이 그것을 이어받아 연구한다. 그렇게 수학의 가설은 전해진다. 현상금이 걸리기 이전부터 그것에는 무수한 생각이 담겨 있는 것이다.

그렇다면 수학자는 얼마큼 생각하면 '포기'에 이르게 될까?

나 같은 사람은 시험에서 어려운 문제를 만나면 10분 정도 생각해 보고 그래도 모르면 다음 문제로 넘어가지만, '페르마의 정리'라는 난제를 푼 수학자 앤드루 와일스Andrew Wiles에 대한 이야기를 선생님에게 들은 적이 있다.

와일스는 원래부터 '페르마 정리'에 흥미를 지니고 있었는데 '프라이 – 셀의 가설'이라는 다른 문제가 해결되는 것을 보고 '풀 수 있다'고 생각해 연구에 착수했다. 그는 아무에게도 말하지 않고 혼자서 옥탑방에 틀어박혀 문제 해결에만 몰두했다고 한다. 만약 그가 포기했다면 '페르마 정리는 이런 식으로 풀 수 있으리라'는 '와일스 가설'이 세상에 나왔을지도 모른다. 그러나 결국 그는 풀어냈다.

혼자서 고군분투한 시간은 무려 7년이었다.

'좋은 가설'을 만들기는 어렵다

"그렇다면 가설을 만드는 것도 그리 간단한 이야기는 아니네요……."

나는 '니노미야 가설'이 떠올라 부끄러워졌다.

'모든 인류의 점 개수를 더하면 짝수가 된다.'

이것이 이른바 니노미야 가설인데, 지적할 부분이 한두 군데가 아니다. 먼저 '모든 인류'의 범위란 무엇인가? 어느 시점에서 모든 인류라고 할 것인가? 이미 죽은 사람도 포함하는가? 또 '점'이란 무엇을 기준으로 나누는가? 지름 몇 밀리

미터 이상, 멜라닌 색소의 농도가 어느 정도 이상인 것부터 점으로 세어야 하나? 두 개가 하나로 이어진 점은 어떻게 할까?

애초에 생각이 짧았다. 세상에 널리 알려지지 않는 것도 어쩌면 당연하다.

좋은 가설을 만드는 데도 상당한 노력과 기지가 필요한 듯하다.

"좋은 가설, 좋은 문제는 매우 소중해요. 최근 수학의 문제점이라고 한다면, 좋은 가설이 줄고 있다는 것이겠죠."

지난번에도 구로카와 선생님은 그런 이야기를 했다.

"라마누잔 가설이나 베유 가설, 페르마의 정리도 그렇고, 사토-테이트 가설이나 모델 가설도……. 제가 학생이던 시절에는 전부 남아 있었어요."

옛 생각에 잠겼는지 구로카와 선생님은 허공을 바라본다.

"하지만 대학에 들어간 무렵부터 하나둘씩 풀리기 시작했죠. 결국 페르마의 정리도 해결됐어요. 값진 문제들은 대체로 해결됐죠. 결국 리만 가설 같은 어려운 문제만 남고 말았어요."

리만 가설이란 이런 문제다.

'제타 함수의 모든 자명하지 않은 해의 실수부는 $\frac{1}{2}$이다.'

어렵다. 뭐가 어렵냐고? 이해하기가 어렵다. 솔직히 무슨 말인지 전혀 알 수가 없다.

"무슨 소린지 모르겠어요. 제타 함수가 뭔지도……."

"그렇다니까요."

당황하는 나에게 구로카와 선생님은 드물게 고민스러운 표정을 지으며 턱을 만지작거렸다.

"어쩌면 이건 꽤 심각한 문제인지도 모르겠어요. 수학이 매력적인 분야로 남으려면 누구나 알 수 있는 재미있는 문제가 있어야 하는데, 전문 용어를 늘어놓아 만든 문제에 누가 쉽게 덤비겠어요? 페르마의 정리처럼 한두 줄 정도가 적당해요. 한마디로 깊이가 있는 문제요. 그런데 그런 문제가 점점 없어지고 있어요."

나는 대항해시대에 탐험가가 미지의 대륙을 하나둘 발견하는 모습을 떠올렸다. 새로운 땅을 찾으면 찾을수록 남겨진 땅은 줄기 마련이다. 쉽게 갈 수 없는 극지라든가, 실제로 들어가기 매우 힘든 장소만 남으면 누구도 모험에 나서려 하지 않을 것이다. 수학의 개척자들도 그런 상황에 빠져 버린 것일까?

"하지만 저는 낙관적으로 생각하고는 있어요."

구로카와 선생님은 자세를 고쳐 앉더니 활짝 웃는다.

"지난번에도 말했지만, 앞으로는 수학을 쉽게 만들자는 그런 작업이 진행되겠죠. 마침 20세기 초반이 그런 시대였다고 생각해요."

"그런가요?"

"수학의 전망이 나빠져서 더 이상 여러 가지로 무언가를 하기는 어렵게 되었을 무렵이에요. 그때 그로텐디크Alexander Grothendieck라는 수학자가 나와서 스킴이라는 새로운 대수기하 개념을 만들었어요. 그로텐디크에 의하면 소수 전체도 하나의 기하이죠."

기하란 도형이나 공간의 성질을 연구하는 분야다. 우리가 배운 범위로 말하자면 삼각형의 면적이라든가, 정오각형을 어떻게 그리는가 하는 내용들에 해당한다.

"소수 전체가 기하라는 것은 2, 3, 5, 7…… 이런 일련의 수를 도형과 공간으로 간주한다는 뜻인가요?"

여하튼 완전히 새로운 견해였다는 것은 아마추어인 나도 알 수 있다.

"맞아요. 그렇게 생각하면 정수론 같은 것도 훨씬 이해하기 쉬워요. 그런 새로운 사고의 힘으로 20세기 후반에 다양한 가설이 척척 풀렸던 것이라고 저는 생각해요. 새로운 방법을 개발해서 어려운 문제를 쉽게 만든 후에 푸는 거죠."

그렇구나. 그렇게 수많은 가설이 풀린 나머지 다시금 수학은 어려워지고 만 것이다.

"다시 한번 수학을 쉽게 만드는 새로운 발상이 필요해졌네요."

"그렇죠. 쉽게 만들어서 풀 수 있는 가설도 있는가 하면 쉬워진 수학 세계에서 새로 나오는 문제도 있지요. 지금까지 보이지 않았던 문제가 발견되는 일도 있고요."

구로카와 선생님의 걱정과 기대는 표리일체였다.

"그래서 어떤 의미에서는 재미있는 시대라고 생각해요."

아직 밟지 않은 대륙은 언뜻 없어진 듯 보일 수도 있다. 기존의 배와 항해술로는 당도할 수 없기 때문이다. 그러나 우주 저편은 어떨까? 혹은 땅속은? 다른 차원은? 완전히 새로운 발상을 통해 아무도 몰랐던 신대륙에 당도할 가능성이 열릴 수도 있다.

나도 미해결 문제를 배웠다!

구로카와 선생님이 말하는 수학은 마치 미지의 세계로 떠나는 모험담 같아서 왠지 수학이 무척 재미있게 느껴진다. 물론 1억 엔이라는 상금까지 포함해서, 왠지 로망을 품게 된다고나 할까?

그런데 잠깐. 중·고등학교 때 그렇게 수학에 시달렸던 일을 잊었단 말인가. 냉정하게 생각해서 미해결 문제에 도전한다는 건 나에게는 꿈같은 이야기라고!

그렇게 약한 소리를 하자 구로카와 선생님이 음음, 하고 고개를 끄덕이면서 미소 짓는다.

"그게 말이죠, 미해결 문제처럼 어려운 수학이랑 학교에서 배우는 수학은 크게 다르지 않아요."

"네?"

아이고 참, 선생님도. 그럴 리가 없잖아요. 하지만 구로카와 선생님은 매우 진지했다.

"1750년 정도려나? 당시의 오일러 같은 수학자가 다룬 문제가 지금 교과서에 실려 있어요. 중·고등학교 교과서에."

"헉, 그래요?"

"즉 당시의 미해결 문제였던 거죠."

2차 방정식 풀이 공식, 삼각함수, 사인법칙과 코사인법칙……. 하나같이 강적이었다. 공식을 억지로 달달 외워서 간신히 낙제만 면해 왔다. 하지만 예전에는 그런 공식조차 없었다. 그런 문제들은 천재들이 도전하는 난제였던 것이다. 수학자가 도전하여 풀어낸 그 발자취를 학교 수업 시간에 좇은 셈이다.

"왠지 저도 할 수 있을 것 같은 기분이 드네요."

그야 예제와 함께 풀지 않았는가? 보조 바퀴만 달 수 있다면 전혀 불가능하지는 않을 터. 이제 노력과 열정만 있으면 된다.

"그러니 수학은 나이를 먹어서도 할 수 있어요."

설득력 있는 말이다.

구로카와 선생님은 얼마 전 도쿄공업대학에서 정년퇴직했다. 생활에 어떤 변화가 있느냐고 묻자, 강의가 없는 것 말고는 여느 때처럼 지내신다고 한다.

"수학은 어떤 의미에서 유유자적 생각하며 즐기는 거예요. 세 시간 안에 다섯 문제 푼다든지, 점수로 경쟁한다든지, 그런 건 수학의 본래 취지에 어긋나죠. 5년, 10년 정도로는 어림없는 어려운 문제들도 있어요. 그러니 인생 설계와 마찬가지로 10년쯤 돌아가도 괜찮아요."

"혹시 수학 문제를 푼다는 건 '인생이란 무엇인가?'라든가, 그런 걸 생각하는 일에 가까운가요?"

"네, 맞아요."

내가 생각해도 이상한 질문이라고 생각했지만 구로카와 선생님은 태연하게 고개를 끄덕였다.

"실제로 오카 기요시(岡潔)라는 수학자는 꽤 독실한 불교 신자였어요. 수학에서 벽에 부딪치면 종교 생활에 몰두했지요. 그러면 수학도 해결이 된다면서요. 바로 그런 거죠."

수식을 옮겨 적기만 해도 즐겁다

"지금부터 수학을 시작한다면, 무엇부터 하는 게 좋을까요?"

나도 입시 공부나 시험을 위한 수학이 아닌 즐거운 수학을 해 보고 싶어졌다.

구로카와 선생님은 잠시 생각하더니 답해 주었다.

“문제를 만드는 게 좋겠죠. 수동적으로 누군가가 만든 문제를 풀어야만 하는 상황은 별로 재미없잖아요.”

“그러니까…… 어떻게 문제를 만들면 좋을까요?”

구로카와 선생님은 조금도 싫은 기색 없이 가르쳐 주었다.

“음, 처음에는 삼각형이라든가 원이라든가, 그런 범위를 한두 개 정해서 거기서 문제를 만들어 보면 점점 재미있어지지 않을까요?”

알 듯도 하고 모를 듯도 했지만 문득 비유가 하나 떠올라 여쭤보았다.

“작가로 말하자면 제목만 정하고 소설을 쓰는 작업과 비슷할까요?”

그렇구나. 그런 느낌이구나.

가령 ‘한 남자의 대실패’라는 제목만을 정하고 소설을 쓴다고 가정하자. 그 녀석은 대체 어떤 인물인가? 오직 성실하게 살아온 월급쟁이인가, 아니면 되는대로 살아온 알바족인가? 대실패라니, 무슨 짓을 저질렀을까? 왜 그런 실패를 저질렀을까? 이렇게 다양한 생각을 펼쳐 나가는 과정은 꽤 두근거린다. 재미있는 소설이 될 것 같은 느낌이 들면 더욱 그렇다.

"일반적으로는 '수학 문제는 주어지는 것'이라는 선입견이 강하잖아요? 하지만 가장 재미있는 건 **문제를 만드는 일**이에요. 문제를 '일으킨다'는 표현도 괜찮으려나? 새로운 문제를 만들면 이것저것 진지하게 생각하잖아요. 그러는 동안 그 누구도 생각하지 못한 걸 발견하면 그게 또 얼마나 재미있게요. 나아가 이것에 관해서는 전 인류 중에서 아직 나만 알고 있다는 생각이 들면, 그야말로 죽어도 여한이 없을 정도라니까요."

그렇구나. 수학의 기쁨은 곧 창조의 기쁨인 것이다.

구로카와 선생님은 활짝 웃었다.

"문제를 만들면 그 연장선상에 가설을 만드는 작업이 있게 되죠. 그리고 미해결 문제 같은 훌륭한 가설도 그 안에서 태어나고요. 가설 또한 문제를 만듦으로써 해결돼요. '이런 식으로 하면 풀리지 않을까?' 하며 문제를 쌓아 가는 거죠. 그래서 문제를 만드는 일이 수학의 기본 중의 기본 작업인 겁니다."

수학은 '풀어!'가 쌓여서 만들어지는 것이 아니라 '왜?'가 쌓여서 이루어지는 것이었다.

'왜?'에는 정답이 없다. 소박하고 개인적인 의문에 원하는 만큼 파고들면 된다.

그러므로 수학을 생각하는 일은 자연히 인생을 생각하는

일로 이어진다.

"오일러의 논문을 옮겨 적으면 재미있어요."

구로카와 선생님이 뜬금없는 말을 꺼냈다.

"헉, 옮겨 적으신다고요?"

"사경(寫經)이 아니라 '사(寫)오일러'죠. 오일러가 만든 공식은 정작 풀어 놓고 보면 당연하다고 생각되는 부분들이 많아요. 오일러가 그걸 매우 자연스럽게 생각했기 때문이겠지요. 그는 60대에 두 눈의 시력을 잃었는데, 오히려 그 이후가 더 박력 있어요. 저도 같은 연배에 들어서서인지 그 논문을 읽다 보면 용기가 나요. 머리로만 생각하기보다는 소리 내어 읽거나, 또는 옮겨 적는 것만으로도 이해가 깊어져요."

"'나무아미타불' 하고 외는 것처럼 말인가요?"

설마 하는 마음에 물었지만 구로카와 선생님은 고개를 끄덕였다.

"맞아요, 바로 그거예요. 그저 읽기만 해서는 무슨 뜻인지 모르는 부분도 있어요. 무슨 소리를 하는지 잘 모르겠지만 계속 읽다 보면 아, 그런 거였구나 하고 현대 수학으로 해석할 수 있게 돼요. 오일러가 시대를 훨씬 앞질러 갔던 거죠. 2100년 정도까지 타임머신을 타고 갔다가 돌아온 사람이 아닌가 싶을 정도로요."

구로카와 선생님은 바로 얼마 전에 오일러의 논문 하나를 겨우 이해했다고 한다. 경을 외듯 반복하는 동안 어느새 이해가 가는 순간이 찾아왔다고.

"다른 사람에게 말했더니 놀라더라고요. 오일러가 250년 전에 이런 생각을 했구나, 하면서요."

행복해 보이는 구로카와 선생님의 얼굴을 보자 절로 고개가 끄덕여졌다.

"왠지 수학은 엄청나게 좋은 취미 같다는 생각이 들어요."

"맞아요. 연필과 종이, 그리고 시간과 공간만 있으면 할 수 있으니까요."

"시간과 공간이라. 시간은 생각하기 위한 시간이잖아요. 공간이라 함은……."

"종이를 어느 정도 놓을 수 있는 공간요."

구로카와 선생님은 당연하다는 듯 말했다.

미해결 문제에 막대한 상금이 걸려 있어도, 어쩌면 수학자는 그런 데 전혀 흥미가 없는지도 모른다. 문제를 만들고 풀기 위해 애쓰는 데 그 이상의 가치를 두는 건 아닐까?

밀레니엄 현상 문제 중 하나인 '푸앵카레 추측'을 푼 러시아인 수학자 그리고리 페렐만Grigori Yakovlevich Perelman은 상금 100만 달러를 거부했다. 이유는 밝혀지지 않았다.

해가 뉘엿뉘엿 넘어가는 귀갓길, 우리는 신기한 만족감에

젖어 있었다.

"왠지 수학의 가설 이야기뿐 아니라 구로카와 선생님의 인생관을 들은 것 같아요."

내가 말하자 소데야마 씨가 웃었다.

"처음부터 끝까지 수학 이야기만 했는데 말이죠."

물론 지금이라면 그 이유도 안다. 수학과 인생은 이어져 있으니까.

"구로카와 선생님뿐 아니라 더욱 다양한 수학자들을 만나 볼까요?"

"저도 마침 그 생각을 하던 참이에요."

우리 둘은 함께 고개를 끄덕였다.

자신의 의문을 파고드는 것이 수학자라면 수학자의 수만큼 다른 수학이 존재할 테고, 저마다의 매력이 존재하지 않을까? 이것을 새로운 '니노미야 가설'로 설정하자. 점을 세는 것보다는 훨씬 멋진 미해결 문제다.

나와 소데야마 씨는 서둘러 준비에 들어갔다.

3
[수학을 공부하는 것은, 인간을 공부하는 것]

가토 후미하루(도쿄공업대학 교수)

구로카와 선생님은 '수학은 연필과 종이만 있으면 할 수 있다'고 하셨는데, 내게는 남몰래 공감 가는 부분이 있었다.

"소설가와 약간 비슷한 것 같아요. 밑천이 필요 없다는 점에서."

직원을 고용할 필요도 없고, 설비도 필요 없는 장사다. 소데야마 씨도 동의했다.

"그러고 보니 그러네요. 머릿속에서 만들어 내는 작업이니까요."

이른바 둘 다 돈이 들지 않는다는 점에 친근감이 들었던 거다. 하지만 그런 착각은 단숨에 뒤집히고 만다.

수학자는 여행을 떠난다

"수학은 돈이 드는 학문이에요."

피아노가 취미라는 가토 후미하루 선생님은 단정한 얼굴로 시원스레 말했다.

이곳은 도쿄공업대학 가토 선생님의 연구실. 깔끔하게 정리 정돈된 내부는 구로카와 선생님의 연구실과는 정반대 인상을 주었다.

"네? 뭐에 돈이 드나요……?"

나는 조심스레 물었다. 방 안을 둘러보아도 책장에 전문 서적이 줄줄이 꽂혀 있는 것 말고는 특별히 고가의 물건 같은 건 안 보이는데.

"물론 공학 쪽처럼 실험 기구를 사지는 않지만 돈이 안 들지는 않아요. 실은 여행비가 많이 들어요. 내가 가기도 하고, 누가 와 주기도 하고요. 다양한 사람과 자주 만나는 일이 수학에서는 무척 중요하거든요."

실제로 가토 선생님은 도쿄공업대학 수학과 교수로서 바쁜 나날을 보내는 한편 이탈리아, 이집트, 프랑스 등 이곳저곳으로 출장을 다닌다고 한다.

"그 이유가 뭔가요? 수학은 혼자 하는 일 아니었나요?"

"최종적으로 정리를 증명한다든가 문제를 푸는 단계에서는 혼자 하죠. 하지만 가령 수리분석 문제를 풀려 할 때, 분석 안에서만 일을 하면 역시 한계가 있어요."

"완전히 다른 시점이 필요하다는 말씀이신가요? 하지만 전혀 다른 분야의 연구자가 모인다고 해서 논의가 가능한가요?"

"0부터 토론을 해 나가는 거죠. 가령 '내가 일하는 곳에서는 지금 이런 문제가 있어요'라고 말하면, 다른 분야 전문가가 '그건 간단하잖아요. 이렇게 하면 돼요'라고 말해 줘요. '아니, 그렇게 단순한 문제가 아니에요. 이런 문제가 있어서요.' '그럼 이렇게 하면 어때요?' 이런 식으로 점점 이야기가 발전해 가죠. 그러다가 생각지도 못한 새로운 발상이 나오기도 해요. 어떤 분야의 문제에 대해서 전혀 다른 분야로부터 접근하면 길이 열린다는 이야기는 항상 들어요."

"아하, 그렇게 힌트를 손에 넣는군요."

가토 선생님은 고개를 끄덕이더니 이어 말했다.

"그렇게 이야기하다가 느낌이 좋다 싶으면 공동 연구를 하기도 해요."

"수학에서 공동 연구란 어떻게 이루어지나요? 나는 이걸 증명할 테니 너는 그걸 증명해 봐, 이런 식인가요?"

나는 서로 등을 맞대고 적과 싸우는 장면을 상상했지만, 아무래도 조금 다른 모양이다.

"으음, 그건 꽤 진전되고 난 후의 이야기예요. 그때까지는 오로지 논의만 해요. 커다란 칠판이나 화이트보드 앞에서 서로 수식을 썼다가 지웠다가 하면서…….”

나는 옆쪽을 흘깃 보았다. 연구실 벽 한쪽에 거대한 화이트보드가 걸려 있었다. 바로 여기에서 작업이 이루어지는지도 모른다.

“그 밖에도 기분 전환으로 둘이서 산책을 한다든가, 미술관이나 동물원, 공원에 가기도 하고, 아니면 맥주를 마시러 가기도…….”

“예? 동물원요? 연구실에 틀어박혀 있는 게 아니었군요.”

“그럼요. 저마다 스타일은 다양하다고 생각해요.”

연구는 생각보다 편안한 분위기에서 진행되는 모양이다.

“수학에서 가장 중요한 일은 문제와 함께 생활하는 거예요.”

가토 선생님이 말했다.

“24시간 계속 문제에 대해 생각할 때도 있고, 머릿속 한구석에 넣어 두고 신호를 기다리다가 문득 떠올려서 다시 생각해 보기도 하죠. 일단 항상 곁에 두고 함께 사는 거예요.”

편안한 정도가 아니다. 삶의 일부인 것이다.

“공동 연구도 그 사람과 공동생활을 하는 거죠. 문제와 함께 말예요. 밥을 먹으러 갈 때든, 여행 중이든, 놀러 가든 항상 그 문제 이야기를 나눌 수 있는 상태로 사는 거죠.”

머릿속에 항상 문제를 넣어 두는 사람끼리 나아가 함께 사는 건가.

"수학에서는 '공명상자'라고 표현하기도 하는데요, 좋은 공명상자를 지니는 게 중요해요."

"공명상자라……."

공명상자 자체는 소리를 내지 않는다. 그러나 오르골 하나로는 듣기 어려운 연주의 음색을 크고 선명하게 만들 수 있다.

"다른 사람에게 이야기함으로써 자신의 아이디어가 성장하기도 해요. 두 사람으로 이루어진 공동 연구에서도, 한쪽은 줄곧 아이디어를 내고 다른 한쪽은 그저 공명하는 스타일도 있겠지요."

"그러면 그중에는 공명상자로서의 재능이 매우 뛰어난 유형의 수학자도 있나요?"

"그렇죠. 저도 공명상자 역할을 꽤 많이 한다고 생각해요."

가토 선생님은 빙긋 웃었다.

"작가의 잡담 상대가 되어 아이디어를 끌어내는 것이 내 일"이라고 말한 편집자가 있었다. "벽을 치고 싶으면 그 벽이 되어 줄 테니 언제든, 뭐든 던지세요"라고 말한 편집자도 있었다. 어떤 어려운 문제에 부딪혔을 때, 인간은 다른 사람과 이야기하는 것으로 혼자서는 넘을 수 없는 벽을 넘게 되는지도 모른다.

공명상자 시스템은 수학에만 국한되지 않고 다양한 분야에서 쓰이는 듯하다.

"그래서 수학에는 돈이 들고, 그 대부분을 여행 경비가 차지한다는 말이지요."

이곳저곳으로 나가서 다양한 사람과 이야기하고, 맥주를 마시거나 동물원에 간다. 주말에는 바비큐 파티 같은 것을 열지도 모른다. 무척 사교적이다. 멋대로 품고 있던 고독한 수학자라는 이미지와는 꽤 다른 실상이 존재했다.

개중에는 홀로 자기만의 수학을 만들어 내는 사람도 있지만, 그것은 극히 일부의 엄청난 천재뿐이라고 한다.

"그렇다면 가령 세상의 수학자가 모두 모이는 장소를 만들어서 매일 의견 교류를 할 수 있는 환경을 만든다면, 수학 연구로서는 이상적인가요?"

"으음, 글쎄요."

가토 선생님은 잠시 답을 망설였다.

"국제회의라는 것이 4년에 한 번 열리는데, 그게 항상 열리면 지금보다 좋기야 하겠지만……."

"반드시 이상적이지는 않다는 말씀인가요?"

"그렇죠. 아무래도 학파가 나뉘어요. 하나의 아이디어가 생겨나면 그 주축이었던 사람 주변에 학파가 생겨나는데, 그 아이디어를 다음 단계로 승화시키는 이들은 또 다른 학파예요. 어느 정도 멀리서 그 상황을 볼 수 있는 사람이 아니면 아이디어를 객관적으로 파악하거나 다른 측면을 파고드는 작업이 불가능하거든요. 구체적인 예는 많이 있는데, 그로텐디크라는 수학자가 있어요."

그제가 그의 생일이었는데요, 라고 가토 선생님은 무심코 덧붙였다.

"새로운 수학 공간 개념을 만들어 다양한 의미에서 수학을 바꾼 인물이에요. 그의 아이디어를 수많은 사람이 보조해서 크게 확장시키는 데 성공했죠. 이건 프랑스에서 일어난 사건이에요. 하지만 포스트 그로텐디크로서 정말로 새로운 일을 해낸 나라는 미국과 일본이었어요."

"오히려 멀리 떨어진 나라였네요."

"프랑스인 중에서 그로텐디크를 잘 아는 사람은 그 정신을 고집하게 되었다고 해요. 미국이나 일본에서 보자면 물론 그로텐디크는 위대한 인물이긴 하지만, 아무리 그래도 가장 위대한 것은 수학이라는 생각이 있었던 거죠. 그래서 새롭고 과감하게 생각해 나갈 수 있었던 거예요. 그래서 한 점에 집중해 버리는 게 반드시 좋은 일만은 아니에요."

교류는 필요하지만 무조건 가깝다고 좋지만은 않다.

왠지 신기한 기분이 든다. 인류가 이 지구에 살고 있기에, 지구라는 행성이 그만큼 큰 별이라서 오늘날처럼 수학이 발전해 왔다는 생각이 들었다.

"최근에는 글로벌화, 세계화라는 말이 많이 나오는데 역시 어느 정도 지역화도 있는 편이 좋아요."

교류는 필요하다. 그러나 한편으로 어느 정도 떨어져 있기도 해야 한다. 그렇다는 건 역시.

"네. 여행비가 필요하죠."

수학은 돈이 드는 학문인 것이다.

물리로 갔다가, 생물로 갔다가, 결국 수학으로

가토 선생님은 대학에 들어갈 당시 수학 전공자가 되리라고는 생각지도 못했다고 한다.

"수학과에 가면 성격이 나빠질 것 같아서 피했어요. 일종의 편견이었죠. 처음에는 물리를 하려고 했어요."

"그렇군요. 그러면 물리에서 수학으로……."

"아, 아니요. 중간에 생물이 재미있을 것 같다, 혹은 돈이 될 것 같다고 생각해서 생물을 시작했어요."

"물리에서 생물로……."

이상하다? 수학으로 향할 기색이 안 보인다.

"그런데 너무 안 맞는 거예요. 해부나 실험이 너무 싫었어요……. 바로 내동댕이쳐 버렸죠. 그랬더니 학점도 못 따고, 이러지도 저러지도 못하게 되어서 고향 집으로 돌아갔어요."

"헉!"

"휴학하고 조금 머리를 식히자 싶어서 고향인 센다이로 돌아갔죠. 그러는 동안 할 일이 없어서, 정말로 할 일이 없어서 이 책을 읽기 시작했어요."

선생님은 책장에서 《재미있는 수학 교실》이라는 책을 꺼내 보여 주었다. 표지만을 보고 굳이 말하자면 어린이를 대상으로 한 수학 입문서로 보인다. 누렇게 변색된 종이에서 세월의 흔적이 엿보였다.

"중학생 때였나, 할아버지가 사 주신 책이에요."

"문득 수학에 흥미가 생겨서 읽기 시작하신 건가요?"

"아뇨, 아니에요. 정말 너무 심심해서 읽었어요."

"심심해서요?"

"정말 달리 할 일이 없을 정도로 심심했거든요."

설마 이런 책을 읽게 될 줄은 몰랐다는 느낌이었다고 한다.

"그랬는데 조금 신기한 수에 관해 쓰여 있는 거예요. '제곱을 해도 변하지 않고 무한히 이어지는 수'라는 거였어요. 뭐야 이건, 하는 마음으로 잠깐 계산해 봤어요. 그리고 아무래도 내가 본 적 없는 수의 세계가 있는 모양이다 싶었죠."

설명을 듣고 그 세계의 재미에 나도 충격을 받았다.

꼭 이곳에 소개하고 싶은데, 약간 수식을 읽을 필요가 있다. 그래서 수식을 읽어도 좋은 독자라면 이 장 마지막 부분을 보기 바란다. 실제와는 다르지만 분위기 파악만 하는 것으로 충분하다고 생각하는 독자는 다음 예시를 읽기 바란다.

여러분은 추리소설을 읽는가? 어떤 방에서 살인이 일어났다. 현장에는 이러한 증거가 남겨져 있다. 범인은 도대체 누구일지 추리해 보자. 이런 줄거리가 일반적일 것이다. 수수께끼 풀이는 제대로 현실적이고 논리적으로 펼쳐지는 쪽이 많으리라고 생각한다. 범인이 실은 마법사여서 피해자를 저주해서 죽였다든가, 지나가던 외계인이 문을 잠가서 밀실로 만들었다든가 하는 설정은 규칙 위반이고, 그걸 허용하면 애초에 추리소설이 성립하지 않아야…… 한다.

그러나 세상에는 말도 안 되는 추리소설이 있다.

주인공은 세 번까지는 죽여도 다시 살아난다든가, 등장인물의 팔이 열 개라든가, 아니면 페이지를 한 장 넘길 때마다 탐정이 한 살씩 나이를 먹는다든가, 말도 안 되는 설정을 멋대로 추가하는 것이다. 이게 뭐야 하면서 읽기 시작하지만 그렇다고 해서 추리소설이 아니라고 할 수는 없다.

세 번 죽어도 다시 살아나는 소설이라면 세 번까지는 아무렇지 않던 인물이 네 번째 위기가 닥치면 초조해한다든가, 횟수를 다르게 보고했다든가, 범인 간파의 증거가 된다든가.

그 설정을 살린 채 모순 없이 확실하게 추리가 가능하도록, 논리적으로 범인이 도출되도록 만드는 것이다.

처음 그런 작품을 읽었을 때, 추리소설은 생각보다 훨씬 자유롭고 다양하게 구성할 수 있구나 생각하며 충격을 받았다.

가토 선생님이 발견한 수의 세계는 그러한 변칙적인 추리 소설과 조금 닮았는지도 모른다. 일반적으로 생각하면 규칙에 어긋나고 이상하지만, 그 안에서는 확실히 앞뒤가 맞는 수학인 것이다.

"전혀 다른 수의 세계이므로 전혀 다른 답과 형태가 되는데, 놀랍게도 그 세계 속에서는 제대로 계산할 수 있어요. 결과가 딱 떨어져요. 게다가 이 세계에 제대로 된 정리가 있어서 그것을 증명할 수도 있지요."

가토 선생님은 흥미가 생겨서 다양한 방법으로 응용해 보았다고 한다. 고등학교 때 배우는 2차 방정식 풀이 공식을 적용해 보기도 하고, 새로이 정리를 고안해서 증명해 보기도 했다.

"어느 선배의 소개로 도호쿠대학 수학과에 계시던 오다 다다오 선생님에게 노트를 보여 드릴 기회가 있었어요. 이런 것을 생각해 봤는데요, 하고 보여 드렸죠. 그러자 선생님이 '그건 p진수다'라고 하시더라고요. 100년 정도 전에 쿠르트 헨젤Kurt Hensel이라는 독일 학자가 발견한 개념이었던 거예요."

가토 선생님이 자기 방식으로 노트에 써 내려간 정리를 보고 오다 선생님은 다양한 의견을 주셨다고 한다.

"거의 뭐 쓰레기 같은 정리였지만, 개중에는 가치가 있는 것도 있어서 알려 주셨어요. '자네가 생각한 정리는 〈헨젤의 보조정리Hensel's lemma〉라는 이름으로 이 책에 실려 있다네. 자, 여기' 하면서요."

입문서를 발판 삼아 시행착오 끝에 스스로 고안해 낸 정리가 실은 과거 위대한 수학자가 당도한 종착지라는 사실을 알게 된 것이다. 전문 서적에 적힌 그 문장을 봤을 때 가토 선생님의 심경은 어땠을까?

실제로 〈헨젤의 보조정리〉를 소개하는 편이 이해를 돕기에 좋을 듯하다.

> R이 완비한 부치환이고, 부치 이데알이 p일 때,
> R 위의 일변수 다항식 $f(x)$, $g_0(x)$, $h_0(x)$에 대하여,
> $g_0(x)$는 일계수로 $g_0(x)$, $h_0(x)$의 종결식 d에 의해
> $d^{-2}(f(x)-g_0(x)h_0(x))\in pR[x]$라면 $\exists g(x), h(x)\in R[x]$,
> (1) $g(x)$는 일계수, (2) $f=gh$, (3) $g(x)-g_0(x)\in dpR[x]$,
> $h(x)-h_0(x)\in dpR[x]$.

"전혀 무슨 소린지 모르겠더라고요."

가토 선생님이 가냘픈 목소리로 말했다.

"본인이 증명한 정리인데 모르셨나요?"

"네. 전혀 몰랐어요. 애초에 같은 정리라는 것조차 그때는

이해를 못 했어요."

완비한 부치환. 부치 이데알. 일계수. 종결식. 외계어 같은 단어의 나열에 눈이 침침해진다.

"그래서 해설부터 시작했지요. '완비한 부치환'이라고 했으니 그럼 우선 환이란 무엇인가를 공부하고, 환이 뭔지 알았으면 그다음에는 부치환을 공부하고……. 그런데 이게 어렵더라고요. 그런 다음에는 그것이 완비한지 아닌지, 그리고……."

짧은 문장이지만 해독이 쉽지 않다.

"대수학뿐 아니라 위상공간론이나 미분·적분학, 그 외 함수론 등 이른바 수학의 기초에 해당하는 지식이 없으면 알 수가 없는 거죠. 그래서 처음부터 공부를 시작했어요. 열 달 정도 지났으려나? 그제야 그게 내 정리와 같다는 사실을 어렴풋이 알 것 같더라고요."

"힘들지 않으셨나요?"

그게 말이에요, 하며 가토 선생님은 눈을 반짝였다.

"이 과정이 무척이나 스릴 넘쳤어요. 처음 이 정리를 만들었을 때는 엄청나게 힘들었어요. 고등학교 수준의 지식밖에 없었으니 수학 기호도 언어도 너무 빈곤했죠. 그런 와중에 내 나름대로 새로운 이론을 만들어 정합 조건 등도 전부 생각해서 연구해 나갔지요. 그래도 좀처럼 표현하기 힘든 게 있더라고요."

가토 선생님은 숨을 한 번 내쉬고 말을 이었다.

"그런데 현대 수학이라는 게 참 훌륭해요. 그런 걸 한마디로 딱 표현할 수 있는 말과 개념이 있는 거예요. 그중 하나가 '완비'라는 말이었어요. 내가 엄청나게 고생해서 표현하려 했던 개념을 한마디로 딱 끝내 버리니 감동이죠."

가토 선생님은 이해와 동시에 헨젤의 보조정리가 얼마나 명쾌하고 아름다운지 깨달은 것이다. 스스로 고생한 만큼 그 감동도 컸다. 쾌도난마의 위력에 매료되어 수학과에 가기로 다짐했다.

"생물학과에서 수학과로 가려고 2년 유급했으니 2년 늦어진 거죠. 그게 걸림돌이 될지도 모른다는 생각은 어느 정도 있었어요. 그래도 갈 수 있는 데까지 가 보자는 심정이었죠. 수학에 대한 열망이 그 정도로 강렬했어요. 수학의 매력에 푹 빠진 거지요."

고향 집에서 수학책을 손에 든 후부터 헨젤의 보조정리를 이해하기까지, 완전히 '문제와 함께 생활'하며 그것에 깊숙이 빠지고 만 것이다.

한 손에 지도를 들고 즐기는 수학

왠지 모르게 '수학'이라고 하면 폐쇄적인 이미지가 있었다.

돈을 들이지 않고 홀로 머릿속으로만 생각하면서 따분한 수식을 째려보는 느낌이랄까? 고독하고 배타적이고 사람을 가리는 학문. 하지만 그건 내 오해였던 모양이다.

수학자는 전 세계를 여행하며 수많은 사람을 만나고 수많은 생각을 접한다. 그리고 가토 선생님이 우연한 기회에 빠져들고 말았듯이, 무미건조한 수식 안에는 놀라운 세계가 숨어 있다.

"수학이란 즐기는 방식이 엄청나게 다양한 학문이에요. 문제를 발견하고 풀기만 하는 게 아니랍니다."

가토 선생님은 턱을 가볍게 쓰다듬으며 말했다.

"수학사 안에서도 어려운 문제가 꽤 있어요. 예를 들어 정리가 있고 그것을 증명해 가는 기법이 있는데, 이건 실은 그리스에서만 일어난 현상이에요. 인도나 아랍의 수학은 또 달라서 빠른 계산 방식을 개발하는 방향으로 발전했죠. 왜 그랬을까? 왜 지금은 그리스의 방식이 주류일까? 이런 주제는 연구할 가치도 있고 흥미로운 것 같아요."

수학한다는 것은 어떤 것일까? 그것은 필연적으로 인간이란 무엇인가, 하는 이야기로 귀결된다.

왜 십진법이 발달했는가? 아마도 인간의 손가락이 열 개라는 것과 무관하지 않으리라.

왜 인간은 물건을 셌는가? 아마도 분배나 교환할 필요가 있었다는 점, 즉 인간이 무리 지어 생활한 동물이었다는 사실과 무관하지 않을 것이다.

"수학을 공부한다는 것은 인간에 관해 공부하는 일과 마찬가지예요. 수학은 실로 인간적인, 사람 냄새 나는 학문이랍니다."

문득 연구실의 화이트보드 구석에 언뜻 수학과는 어울리지 않는 물건이 붙어 있다는 사실을 깨달았다.

"지도인가요?"

"파리의 고지도예요. 이전에 갈루아Évariste Galois라는 수학자의 책을 썼는데, 그때 갈루아에 관해 조사를 무척 많이 했어요. 당시 지도를 사서 그가 걸어 다녔을 거리를 저도 걸어 봤죠."

가토 선생님은 마그넷을 떼더니 약 180년 전의 지도를 테이블 위에 펼쳐서 보여 주었다. 파란 잉크가 다소 흐려지기는 했지만 제대로 읽을 수 있었다.

"보세요. 이게 성벽이에요. 갈루아가 정치 활동을 하다가 수감된 생페라지 형무소는 여기예요. 그리고 보시는 대로 이쪽 센강 건너편에는 건물이 하나도 없어요……. 분명 무척이나 목가적인 풍경이었겠죠. 지금은 건물들이 많이 들어섰지만요. 제가 생각할 때 갈루아가 피스토르에서 결투를 벌인 장소는 이 부근이 아닐까 해요. 그때 다치는 바람에 스무 살 젊은 나이에 목숨을 잃게 되죠."

지도와 함께 설명을 들으니 교과서 안에 있던 위대한 수학자가 살아 있는 장소와 시간이 조금 다를 뿐인 지인처럼 느껴진다.

"실제로 걸어 보면 재미있어요. 이 부근은 약간 낮구나, 결투를 벌인다면 이쪽이 좋았을 텐데 등등 별생각을 다 했어요. 그러자 이런 생각도 들더라고요. 아, 나는 지금 수학을 즐기고 있구나……. 수학을 저처럼 즐길 수도 있답니다."

가토 선생님은 웃었다.

폐쇄적이라니 당치 않다.

오히려 수학을 통해 아주 오래전 수학자가 도전한 결투를 떠올릴 수도 있고, 혼자서는 다룰 수 없는 개념을 전 세계 사람들과 논의할 수도 있다.

수학은 언어, 국가, 시간조차 초월하여 인간과 인간을 잇는, 세계를 향해 열린 문이기도 한 것이다.

+ 보충 칼럼 +

가토 선생님이 우연히 만난 신기한 수의 세계를, 선생님의 저서에서 수식을 일부 가지고 와서 조금 들여다보자. 엄밀히는 선생님이 읽은 '제곱해도 변하지 않고 무한히 이어지는 수'와는 다르지만 이런 느낌이라고 파악하면 될 것이다.

등비급수 합의 공식이라는 것이 있다. 아래와 같은 식이다.

초항을 a, 공비를 r이라고 할 때,

$$a+ar+ar^2+ar^3+\cdots\cdots=\frac{a}{1-r}$$

a에 1을 대입하면,

$$1+r+r^2+r^3+\cdots\cdots=\frac{1}{1-r}$$

이 공식은 r의 절대치가 1 미만일 때 성립하는데, 여기에서 굳이 r에 10을 대입해 본다. 이른바 규칙 위반인데, 일단 이대로 진행해 보자.

$$1+10+100+1000+\cdots\cdots=-\frac{1}{9}$$

이 경우, 좌변은 무한히 자릿수가 이어지는 수가 되어 버린다. 0.11111……처럼 소수점 이하로 무한히 이어지는 수는 존재하지만, 그것이 아니라 ……11111로 무한히 이어지는 수가 나와 버리는 것이다. 이것이 얼마나 이상한 것인가는 양변에 9를 곱해 버리면 더욱 명확해진다.

……999999999=−1

반칙에서 시작된 숫자 놀음이므로 당연히 그저 틀린 것으로만 보인다. 이런 생각을 하는 것 자체에 의미 따위는 없는지도 모른다. 하지만 실제로는 이미 가토 선생님이 말하는 '본적 없는 수의 세계'에 발을 들이고 말았다.

뭔가 계산을 해 보자. 가령 이 식의 우변이 −1이려면, 좌변에 1을 더하면 0이 되어야 한다. 이것을 필산해 보자.

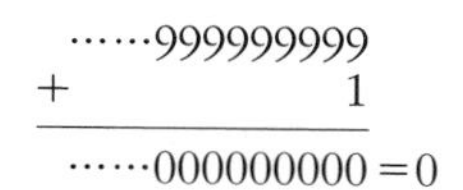

그러면 올림이 무한히 이어지므로 결국 0이 된다. 무려 식이 정확히 맞는 것이다.

이번에는 또 다른 계산을 해보자. −1에 −1을 곱하면 1이 된다. 즉 좌변도 자기 자신끼리 곱하면 1이 되어야 하는데 과연 어떨까?

```
  ……99999999999999999999999999999
× ……99999999999999999999999999999
─────────────────────────────────
  ……99999999999999999999999999991
  ……9999999999999999999999999991
  ……999999999999999999999999991
  ……99999999999999999999999991
+ ……………………………………………………
─────────────────────────────────
  ………………………………………………0001 = 1
```

제대로 1이 된다. 이 세계 안에서라면 제대로 앞뒤가 맞는 것이다.

참고문헌: 가토 후미하루 《수학하는 정신: 올바름의 창조, 아름다움의 발견(数学する精神 正しさの創造, 美しさの発見)》, 가토 후미하루 · 나카이 야스유키 공저 《하늘을 향해 이어지는 수(天に向かって続く数)》

4
[예술에 가까울지도]

지바 하야토(취재 당시 규슈대학 준교수. 현 도호쿠대학 교수)

우리는 규슈대학에 와 있다.

'학점 못 따서 유급이 확정된 분들께. 그 어떤 온정 조치, 추가 조치를 하지 않습니다. **이 문을 두드리면 폭발합니다.**'

연구실 문에 이런 안내문을 붙이는 사람이 바로 지바 하야토 선생님이다. 동그랗고 힘 있는 눈동자에 앙다문 입, 마른 몸에 티셔츠와 청바지 차림인 지바 선생님은 현역 대학생이라고 해도 믿길 정도로 젊어 보였다.

"격식 차리는 걸 좀 못 견뎌서요. 그런 성격이에요."

하지만 선생님의 거침없는 행동은 그뿐만이 아니다.

제출 기한이 지나면 리포트 제출 상자를 맥주 제출 상자로 바꾸고 맥주만 받는다거나, '황금연휴 주간의 월요일 1교시는 말도 안 되기에' 휴강하기도 한다. 하여튼 제멋대로다. 아무리 격식 차리는 게 싫다고 해도 정도가 있지 않나?

"책장 대부분이 맥주병이네요!"

나는 연구실 안을 둘러보고 외쳤다. 수학 관련 서적도 있지만 절반에 못 미친다.

지바 선생님은 딱히 못 볼 걸 들켰다는 기색도 없이 천천히 일어서더니 책장 유리문을 열었다.

"맥주병 컬렉션이에요. 라벨이 마음에 들거나 외국산 희귀 제품이라 다시는 구할 수 없을 것 같은 병들을 모으고 있어요. 이건 스코틀랜드 맥주인데, 양조 후에 위스키 나무통에 재우는 거예요. 30이라고 쓰여 있잖아요, 30년산 위스키 통에 재워서 훈연과 향이 맥주에 스며드는 거예요. 이건 셰리 캐스크라고, 셰리(스페인 남부 지방에서 생산되는 화이트와인—옮긴이) 통에 재운 술이……."

그저 술 좋아하는 괴짜로만 보인다. 하지만 당연히 그것만으로는 대학교수가 될 수 없다.

"이건요?"

"이건 문부과학대신표창 때 받은 트로피 메달이에요. 이건…… 아시아수학자회의에서 강연할 기회가 있어서 앞에 나가 떠들었더니 주더라고요."

반짝반짝 무지갯빛으로 빛나는 메달과 은색 원반을 어루만지면서 거침없이 말한다. 그렇다. 지바 선생님은 서른다섯 살에 빛나는 업적을 이룬 젊은 수학자이자 기대주다.

그런데 문부과학대신과 아시아를 술병과 나란히 놓아도 되는 걸까?

대학생 대상 교재를 쓰는 대학생

《이거라면 알 수 있다: 공학부에서 배우는 수학》이라는 책이 있다. 주로 대학에서 배우는 응용수학을 정리한 교재로, 이해하기 쉽고 간결해서 꽤 훌륭한 도서로 정평이 나 있다.

"네. 제가 학부 3학년 때 쓴 거예요."

이 책의 저자가 바로 지바 선생님이다. 심지어 대학생 때 썼다고 한다.

《벡터 해석으로 보는 기하학 입문》이라는 책이 있다. 고등학교 수학 수준에서 기하학을 익히기 위한 책으로, 역시 평판이 좋아서 이 분야의 입문서로써 이만한 양서는 없다고까지 말하는 사람도 있다.

"이건 제가 학부 4학년 때 쓴 책이에요. 출간된 건 대학원 1학년 때였지만요."

교수가 된 후에 책을 쓰는 거야 이해가 가지만, 학생 때 쓴다는 건 약간 상상하기 힘들다.

"아직 배우는 입장이지만 다른 사람에게 가르칠 정도의 수준에 도달하셨다는 거겠죠? 역시 어릴 때부터 습득이 빠르셨나요?"

어려운 수학을 척척 푸는 어른에게 지지 않는 신동이었다……. 그런 답을 예상했으나 지바 선생님은 고개를 가로저었다.

"아니요, 그렇지도 않았어요. 옛날부터 생각하는 건 좋아했지만, 뭐 그 정도였죠."

"어떤 생각을 하셨나요? 초등학생 때라든가."

"뭐, 특별할 건 없어요. 똥 생각이라든가."

"역시 똥이군요."

나와 큰 차이 없음, 이라고 노트에 메모한다.

"뭐, 구루메시에 있는 평범한 공립고등학교에서 공부했고, 딱히 반에서 1등도 아니었어요. 재수도 했고요. 고등학교 때까지는 하루하루가 괴로웠죠. 내 개성이 뭔지 몰라서요. 특출하게 잘하는 것도 없었고, 친구도 많지 않았고……."

"엇, 그러세요?"

"공학부에 간 이유도 우주 도감 같은 걸 좋아해서였어요. 우주랑 관련한 일을 하면 좋겠다 싶어서 공학부 물리학과에 들어갔죠. 그 무렵은 수학자라는 직업의 존재 자체를 몰랐어요. 아니, 수학자라는 단어도 몰랐죠."

"그러면 어떻게 이런 책을 쓰게 되셨나요?"

"뭐, 물론 책을 쓸 정도니까 저는 뛰어난 편이겠지요. 제

입으로 말하는 것도 그렇지만요. 하지만 아마도 재능이라기보다는 압도적으로 다른 사람보다 공부할 시간이 길었기 때문일 거예요."

지바 선생님은 자신을 칭찬할 때도, 깎아내릴 때도 꼬인 데 없이 솔직하다. 그래서 당시에는 정말로 누구보다 열심히 공부했을 테고, 어릴 때는 진짜로 똥을 생각했으리라.

"길다면 어느 정도?"

"계—속 했어요. 공부가 재미있었거든요. 잘 때도 꿈속에서 수학 공부를 했고, 아르바이트나 동아리 활동을 할 때도 짬을 내서 했어요. 말 그대로 계속요."

너무도 오랫동안 의자에 앉아 공부해서 청바지 엉덩이 부분이 헤져서 찢어질 정도였다고 한다.

지바 선생님은 공학부였지만, 수학 전공 수업을 들을 수 있었다. 그래서 시험 삼아 배우기 시작했는데 점점 수학의 세계에 빠져들었다고 한다.

"원래 책을 낼 생각 같은 건 전혀 없었어요. 글을 쓴 곳은 홈페이지였어요. 마침 인터넷이 보급되기 시작할 무렵이라 기왕이면 내가 공부한 것을 정리해서 올려 보자고 생각해서 시작했죠. 자기만족이었어요. 하지만 올리는 이상은 누군가가 볼 테니 이렇게 하는 편이 더 쉽지 않을까, 이해하기 편하지 않을까 하면서 구성을 연구했죠."

“그럼 본인도 공부하면서 쓰신 거네요.”

“그렇죠. 그래서 저도 누군가의 책을 읽으면서 써 나갔죠. 하지만 책은 어디까지나 참고만 했고 증명이나 예제, 전체적인 구성, 설명 순서 같은 건 제 나름대로 다시 만들었어요. 이게 엄청 힘이 돼요.”

지금은 학생에게 비슷한 작업을 추천할 정도라고 한다.

“다양한 책을 닥치는 대로 읽는 것도 나름대로 좋은 일이죠. 그래도 대학 1학년용 미적분 교과서라든가 정평 나 있는 책을 전부 스스로 재구성해 보라고 해요. 1학년 때 끝낼 내용을 4년 동안 봐도 좋으니까, 아무것도 참고하지 말고 스스로 노트에 재구성하는 거죠. 순서나 과정도 책에 있는 대로 할 필요 없이 자기 나름대로 가장 이해하기 쉽게, 아름답다고 생각하는 방식으로 하면 돼요.”

“그런 공부가 진정한 수학 공부인 건가요? 아무래도 수학이라고 하면 푸는 방법을 외워서 철저히 활용한다는 이미지가 있는데요.”

“으음, 적어도 증명이나 공식을 암기하는 일은 거의 없어요. 그런 건 스스로 머릿속에서 만드는 거니까요.”

다른 사람에게 가르칠 수 있게 되어야 비로소 자신의 피와 살이 된다고 한다. 지바 선생님의 이해력이 뛰어났기에 책을 쓸 수 있었는지, 아니면 책을 썼기에 깊이 이해하게 되었는지는 알 수 없다.

"수학이란 알고 난 다음에는 엄청 간단해요. 아무리 어려운 정리라도, 가령 이렇게 두꺼운 책이라도요."

지바 선생님은 책장에서 사전만 한 두께의 외국 서적을 꺼냈다.

"다 읽고 내용을 전부 이해하기까지 1년 정도 걸릴 거라고 생각하는데요, 제 머릿속에는 아주 간결하게 정리돼 있어요. 아무것도 안 봐도 언제든 전부 재구성할 수 있죠. 완전히 이해하고 나면 엄청나게 간단하거든요."

진정한 이해란 그런 것인지도 모른다. 수학뿐 아니라, 우리는 보통 '무언가'를 어느 정도 이해하고 있을까?

다양한 빵 사용법

"수학 연구라는 것도 그런 '진정한 이해'가 쌓이는 일인가요?"

"연구는 새로운 것을 만들어 내야 하니 공부와는 약간 달라요. 과거의 연구나 예전 연구자가 만든 정리를 기본으로 아직 누구도 생각지 못한 새로운 시도를 하는 거죠. 하지만 시도한다고 해서 곧바로 할 수 있는 단순한 일은 아니에요. 그렇게 금세 할 수 있다면 옛날 사람이 이미 했겠죠. 그래서 그저 이해하는 것뿐 아니라 이해한 내용을 머릿속에서 자기 방식으로 해석해서, 자신의 견해로 다시 바라보고 재구성하는 과정이 꼭 필요해요. 그곳에서 다른 사람이 생각해 내지 못하는 응용이 나오니까요."

'재구성'까지는 아까 말한 책을 쓰는 작업과 비슷하지만, 이번에는 꽤 수준이 높다. 어쨌든 그곳에서 새로운 무언가를 만들어 내는 작업인 것이다.

"같은 정리를 봤다고 해도 사람에 따라 다양한 견해가 있으니 그곳에서 각기 다른 방향으로 사고를 발전시켜 나가는 거죠."

"그렇게 다양한 생각이 있나요?"

"그럼요. 어떤 공식을 봤을 때, 가령 정수론을 연구하는 사람이라면 정수와 정수의 관계식이라고 받아들일 수도 있지만, 저라면 미분방정식의 이런 문제에 적용할 수 있지 않을까 생각하는 거죠. 각자 자신이 잘하는 분야나 전문 분야가 있어서 그쪽으로 이야기를 가져가고 싶어 하는 법이거든요."

"그러면 같은 빵을 봐도 요리사라면 음식에 넣으려고 하지만 화가라면 지우개로 쓰자, 동물원 직원이라면 새 모이로 쓰자, 이런 느낌인가요? 그렇게 다양한 시점으로 바라보는 동안 새로운 빵이 탄생해서 빵의 세계가 발전해 가는……."

지바 선생님은 "대체로 그런 느낌이에요"라고 동의해 주었다.

"'다양한 사람'이나 '다양한 자기 방식'이 없으면 수학은 발전하지 못하나요?"

"맞아요."

지바 선생님은 턱수염을 어루만지면서 대답했다.

그렇구나. 나는 지바 선생님이 연구실에 맥주를 상자째 사들이고, 트위터에 이따금 똥 이야기를 올리는 이유를 알 수 있을 것 같았다.

이런 사람도 필요하다.

틀에 박힌 방식을 강요하면 수학은 불가능하다. 수학은 인류가 자기답게 자유롭게 존재하기를 바라고 있다.

수학자끼리는 무척 친하다!

"저는 나이 많은 교수님들한테도 깍듯이 높임말을 쓰지는 않아요. 그래서 아내한테 자주 혼나죠."

실제로 지바 선생님은 나랑 이야기하면서 높임말을 꽤 의식해서 쓰는 듯했다. 지금은 커피를 마시고 있어서 그렇게 하지만 술이 들어가자마자 바로 말을 놓을 것 같다.

"'그렇게 예의 없는 말투를 쓰다니'라는 말을 듣기도 하죠. 하지만 상대방도 수학자니까 성격이 비슷해서 전혀 개의치 않아요. 대학에 따라 다르기도 하겠지만 제 주변 수학자는 모두 엄청 사이가 좋아요. 친하죠."

"어째서일까요?"

"역시 수학자끼리는 나이나 직급에 상관없이 서로의 수학을 존경하기 때문이죠. '이 선생님이 수학적으로 더 대단해'라고는 거의 생각하지 않아요. 한 사람 한 사람 다른 주제, 다른 문제를 다루니까 해석도 달라요. 물론 나이 드신 교수님들이 과거에 쌓아 놓은 업적이 많긴 하지만 발견으로 보자면 젊은 이 선생님이 더 대단해, 같은 식으로요. 뭐 제가 '구라모토 가설'을 푼 일도 그렇고요. 제 입으로 말하기는 그렇지만."

'구라모토 가설'이란 구라모토 요시키(蔵本由紀)라는 물리학자가 제창한 것으로, 30년 이상 누구도 풀지 못했던 난제라고 한다.

"어떤 의미에서는 대등한 관계인 거죠."

문득 파곳 연주자를 인터뷰했을 때가 떠올랐다. 그때도 그는 다른 파곳 연주자를 질투하지 않는다고 했다. 파곳이라는 같은 악기를 사용하더라도 전혀 다른, 바로 자신만의 음악을 하고 있기 때문이다.

"네. 질투라든가, 라이벌 의식이라든가, 상하 관계 같은 건 전혀 없어요. 대학원생이라도 박사 정도면 자신만의 오리지널 문제를 갖고 있거든요. 그 분야만큼은 지도 교수보다 그 학생이 더 잘 아는 거죠. 그 정도가 아니면 박사 학위는 못 따요. 그러니 우리는 그들을 연구자로 인정하고 교류하죠."

"엄청 특수한 업계 아닌가요?"

"예술에 가까운지도 몰라요. 오리지널리티랄까, '개성이 모든 것'인 세계죠. 그래서 어느 정도부터는 누가 누구를 가르칠 수 없게 돼요. 내가 가르친 내용을 학생이 익혔다고 해도 새로운 업적이나 연구가 되지는 못하니까요. 그래서 **못 가르치죠.**"

자신의 길을 갈 수밖에 없다는 이야기다.

"실험이 많은 학과에서는 여러 명이 실험해야 하고 교수가 연구비를 따와야 할 때도 있으니, 아무래도 피라미드 구조가 성립되죠. 경쟁자가 있을 수도 있고, 가장 먼저 누가 발견했느냐를 놓고 경쟁이 벌어지기도 하고요. 특허라든가 돈에 관한 건 하루라도 빠른 사람이 가져가는 거니까요."

"누가 먼저 발견했다든가, 누가 먼저 발명했다든가 하는 건 자주 논란거리가 되죠."

"수학계에서는 그런 일이 전혀 없어요. 우연히 A와 B가 같은 정리를 같은 시기에 발견해도 싸움이 일어나지 않아요. 1년 정도 시간차가 있어도 'A－B의 정리' 따위의 이름이 붙기도 하고요."

"그건 역시 각각 연구자의 수학이 나름의 해석을 지니고 있기 때문인가요?"

"맞아요. 그 정리에 도달한 서로의 수학에 가치가 있는 거죠. 산에 비유하자면 정상에 도착했다는 결과는 같더라도 등산 경로가 전혀 다른 경우죠. 나아가 밧줄을 쓴 사람이 있는가 하면 스키를 사용한 사람도 있을 수 있죠. 둘 다 훌륭하다고 서로를 인정하고요."

나는 생각해 봤다. 그런 영역에서 수학이 가능하다면……. 아니, 수학이 아니라도 좋다. 무언가가 가능하다면…….

"지바 선생님, 무척 행복하지 않나요?"

"행복해요."

선생님은 얼굴 가득 웃음을 띠며 주저 없이 답했다.

"아, 정말 하루하루가 너무 즐거워요. 미국의 한 잡지 설문조사에 따르면 수학자는 스트레스가 쌓이지 않는 직업 1위래요."

미간에 인상을 잔뜩 찌푸리고는 주변 사람에게 이해받지 못한 채 비명횡사하는 사람. 소설에는 그런 수학자도 나오는데, 현실에는 그런 사람만 있는 건 아닌 모양이다.

된장국도 수학이다

"수학이란 꽤 유연하달까, 융통성이 있는 학문이네요."

나는 한숨을 내쉬었다.

초등학교 산수 이후로 수학은 줄곧 순서대로 식을 써야 한다든가, 이 공식을 외워서 이렇게 풀라든가 하는 것이었다. 규칙을 외우고 그 규칙에 따르는 것. 개성과는 무관한 세계라고 믿어 왔다.

그런데, 괜찮은 거다. 대신 ♂를 쓰든, ♂+♀=♪(♂와 ♀=적정 연령일 경우)처럼 말도 안 되는 방정식을 쓰든, 이것이 내 수학의 해석이라고 주장해도 상관없던 거다. 나만의 개성이 중요하니까.

지바 선생님은 고개를 끄덕였다.

"맞아요. 수학을 싫어하는 이유 중에 답이 딱 정해져 있어서 싫다는 사람이 있잖아요. 그건 수학이 아니라 입시 수학이에요."

"전혀 다른 거네요."

"네. 수학은 실제로는 엄청 자유로워요."

"어느 정도 자유로운가요?"

지바 선생님은 진지하게 대답했다.

"뭐든 다 수학이에요."

지나치게 자유롭다.

"가령 프로이센의 쾨니히스베르크라는 마을에 강이 흐르고 있다고 쳐요. 이런 식으로 한가운데에 섬이 있고, 다 합쳐서 일곱 개의 다리가 놓여 있어요. 이 마을을 관광하려는 데 효율적으로 돌고 싶어요. 즉 같은 다리를 두 번 건너지 않고 어떤 다리든 한 번씩만 건너서 처음 지점으로 돌아오고 싶어요. 과연 가능할까? 이런 문제를 생각해 보죠." (그림1)

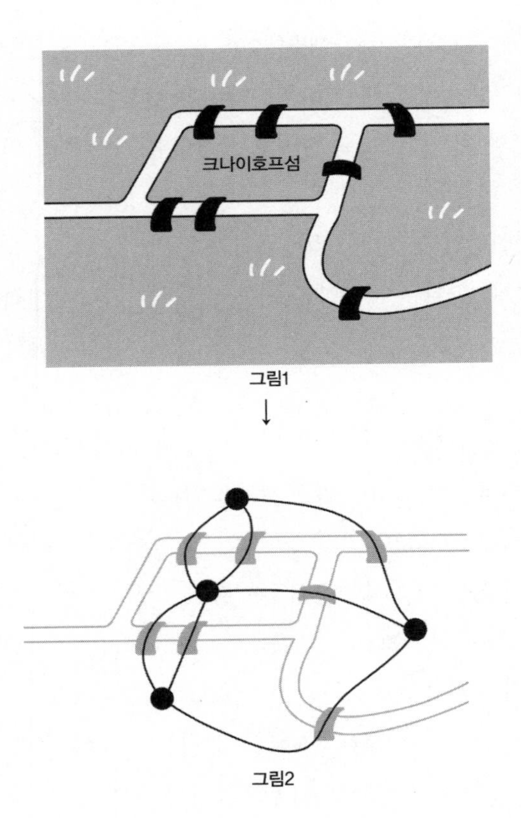

그림1

그림2

지바 선생님이 화이트보드에 슥슥 그림을 그렸다.

"이걸 어떻게 풀까? 오일러라는 수학자의 유명한 정리가 있어요. 땅을 점으로 그리고 다리를 선으로 나타내어 점과 점을 이어요. 이런 식으로 추상적인 구조만 꺼내는 거죠." (그림2)

"오일러는 점과 선만으로 구성된 도형이 딱 나왔을 때 '이 도형을 단번에 그릴 수 있습니까?'라는 문제로 귀착시켰어요. 마을과 관광객 문제에서 말이죠." (그림3)

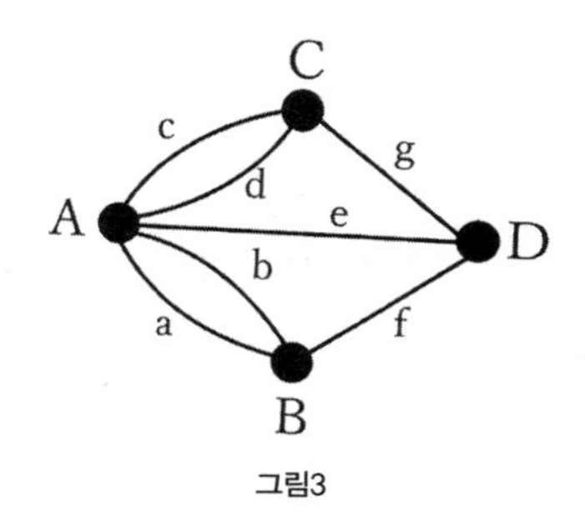

그림3

"그렇군요. 수학이 돼 버렸네요, 이거. 도형 문제가 됐어요."

"맞아요. 그래프 이론이라는 수학 분야로 발전했죠."

"이건 이미 무엇에 문제의식을 지니는가 같은 이야기가 되지 않았나요? 예를 들자면 '《소설 겐토》를 가장 효율적으로 팔려면 어느 빈도로 새로운 연재를 받으면 좋은가' 같은."

"수학 문제가 되죠."

"페이지 수는 몇의 배수가 좋은가, 라든가."

"그것도 수학 문제가 되죠."

오일러가 '땅과 다리'를 '점과 선'으로까지 구현했듯, 문제로 구현하기까지는 다양한 아이디어가 필요하리라. 그러나 시작은 소박한 의문이어도 괜찮다.

"그러니 정말로 뭐든 수학 문제가 되어 버리는 거예요. 가령 된장국을 보면서 된장이 뭉글뭉글 움직이는 모습이 재미있다고 생각한다든가……. 이건 이른바 유체 운동인데요, 그런 것도 수학의 연구 주제로 삼으면 재미있어요. 어렵지만요. 물과 된장이라는 두 성분이 있고……."

무엇이 신경 쓰이고 무엇에 의문을 지니는지는 사람마다 다르다. 즉 사람 수만큼 수학 문제가 존재한다. 지바 선생님이 '개성이 모든 것'이라고 말한 이유를 점점 알 것 같았다.

"그럼 수식 같은 것을 생각하기 전부터 수학이 있는 거네요. '왜?'라고 생각한 순간부터 이미 수학이랄까."

"맞아요. 수식은 음악가가 사용하는 음표와 마찬가지예요. 누군가에게 전할 때 음표가 있으면 편리하지만, 음표를 못 읽어도 음악은 즐길 수 있잖아요? 본질은 악보가 아니라 연주하는 것에 있죠. 수학 = 수식이라는 건 완전히 틀린 소리예요. 수학을 음미하는 데 반드시 숫자나 수식이 필요하지는 않아요."

수학이라는 말을 듣고 곧바로 복잡한 수식이 떠오른다면 '입시 수학'으로 전락하고 만다.

어떻게 된 일일까? 어떻게 설명할 수 있을까? 그렇게 생각하기 시작한다면 우리는 이미 '수학'을 하고 있는 것이다.

할 일 없으면 설거지나 해

"지바 선생님은 보통 어떤 식으로 연구를 하시나요?"

그렇게 묻자 지바 선생님은 의자에 앉더니 멍한 표정으로 천장 언저리를 보기 시작했다.

"이런 식으로 연구실에서 멍하니 있어요."

땡땡이치는 것으로만 보인다. 잠시 아무 말 없이 기다렸지만 아무 일도 일어나지 않았기에 다시 물어보았다.

"계산 같은 건 언제 하나요?"

"수식을 주무르는 건 대체로 후반이에요. 연구 전반, 또는 싹트는 단계에서는 대충 망상을 키우죠. 두서없이 생각하면서 멍하니 있어요. 그래서 집에서는 아내에게 '할 일 없으면 설거지나 해'라는 소리를 자주 듣곤 해요. 그럼 '나 지금 수학하는 중인데'라고 대꾸하죠."

"그럼 꽤 오랫동안 멍하니 계신가요?"

"네. 멍하니 생각하죠. 그러다가 문득 이 아이디어 괜찮겠다 싶으면 종이에 써서 계산해 보고요. 대체로 한 번에 성공하는 경우가 거의 없으니 아니다 싶으면 또 멍하니 있어요. 괜찮겠다, 아니다, 이걸 며칠에서 몇 달 동안 반복해요. 그렇게 무르익어 가면서 서서히 답에 근접해 가는 식이죠."

"그럼 풀 때까지는 몇 년 단위의 시간이……."

"문제의 수준에 따라 다르지만 얼마 전 제가 푼 구라모토 가설은 3년 정도 걸렸어요. 하지만 푼 것 자체는 그렇게 중요하지 않아요. 주변 사람도 그 부분은 보지 않아요. 프로라면요. 그보다는 풀기 위해 제가 새롭게 만든 이론이 더 중요하죠. 다른 수학에 도움이 되거든요. 그 부분이 좋은 평가를 받는 거예요."

앞서 말한 등산 경로에 관한 이야기다. 산을 오른 것 자체가 아니라 어떻게 올랐는지를 평가하는 것이다.

"정해진 시간 내에 정답을 맞히는 입시 수학과는 전혀 다르네요."

"입시 수학은 단시간에 번뜩이는 실력과 계산 능력이 필요하지만, 연구에는 제한 시간이 없으니까요. 계산 능력이 없더라도 검증할 시간은 충분해요. 그러니 중간에 계산이 틀려도 상관없죠. 올바른 길, 이 길로 가면 되겠다고 꿰뚫어 보는 수학적 감각이 더 중요해요. 저는 일종의 미적 감각이라고 생각하는데……."

"아름다운 등산 경로와 그렇지 않은 경로가 있는 거네요."

"맞아요. 아름다운 등산 경로를 찾기 위해 이미 푼 문제를 다른 방법으로 푸는 경우도 있어요."

지바 선생님은 고개를 끄덕이더니 아까 그린 화이트보드 앞에 섰다.

"아까 쾨니히스베르크의 다리 문제는 오일러가 무척 아름다운 해답을 찾았어요."

같은 다리를 두 번 건너지 않고 일곱 개의 다리가 있는 마을의 모든 다리를 건너 관광할 수 있는가 하는 한붓그리기 문제였다.

"결론부터 말하면 이건 무리예요. 오일러가 어떻게 증명했느냐 하면요……."

"이제부터 꽤 어려운 이야기가 시작되나요?"

"아니요, 간단해요. 한 번에 그리기를 한다면 하나의 점에 적어도 한 번은 들어가서 한 번은 나와야 하잖아요."

끽끽 소리를 내며 지바 선생님은 하나의 점으로 들어가는 화살표와 나오는 화살표를 하나씩 그렸다.

"즉 들어가는 동작과 나오는 동작이 하나씩 쌍을 이루죠."

들어가지 않으면 그 점에 진입할 수 없고, 나오지 않으면 다음 점으로 갈 수 없다. 생각해 보면 당연하다.

"그렇다는 것은 하나의 점에 대해 두 개의 선, 즉 2의 배수의 선이 필요하다는 뜻이죠. 2의 배수, 그러니까 짝수의 다리가 필요하다."

나는 10여 초 생각하다가 고개를 끄덕였다. 하늘이라도 날지 않는 한 그렇게 된다.

"다리의 개수가 홀수, 가령 세 개라고 치죠. 선이 세 개인 경우, 들어가서 나오면 하나가 남아 버리잖아요. 그래서 한 번에 그릴 수가 없죠. 어떤 다리를 한 번 더 건널 수밖에 없어요. 쾨니히스베르크는 모든 점에서 홀수의 선이 나와요. 그러니 한붓그리기는 불가능하죠. 이상입니다."

증명 완료.

"이런 식으로 아마추어라도 바로 이해할 수 있는 설명을 하는 것. 그것이 아름다운 증명이고 진정한 이해라 할 수 있죠."

수식 하나 나오지 않았고 어려운 기호 하나 쓰지 않았다. 어딘지 모르게 고요한 여운만이 방 안을 감돌았다.

"이것이 우리가 추구하는 세계랍니다."

지바 선생님은 펜을 툭 내려놓았다.

아름다운 수학, 아름다운 아내

"그런데 지바 선생님은 잘 못하는 과목이 있나요?"

"고전 같은 건 점수가 형편없었어요. 시험에서 낙제점을 받았으니까요."

"고전? 그건 또 어째서?"

"흥미가 없었기 때문이죠. 아마 제대로 공부했으면 잘했을 거예요."

지바 선생님은 흥미가 없는 일은 하지 않는 사람인 것이다. 나는 잠시 생각한 후에 이렇게 물었다.

"수학을 잘 못하거나 싫어하는 사람도 있을 텐데요, 그런 사람이 수학을 하려면 어떻게 하면 좋을까요?"

지바 선생님은 약간 곤란하다는 듯이 웃었다.

"아니, 싫어하는데 억지로 할 필요가 있을까요?"

과연 옳은 말씀이다. 내 머리는 해야 하는 것, 할 수밖에 없는 것으로 공부를 생각하는 시점에서 이미 딱딱하게 굳어버린 모양이다. 내가 생각하는 수학과 지바 선생님이 다루는 수학은 어딘가 딱 들어맞지 않는다.

"저는 일이라서 수학을 하는 게 아니라 좋아서 하는 거예요. 거기에 어쩌다 보니 월급이 발생하는 거죠."

좋아서. 그렇다, 좋아서. 그 거리감을 무언가 다른 감각으로 이해할 수는 없을까? 여기에 힌트를 준 것은 소데야마 씨였다.

취재를 마친 후 우리는 바닷가 옆 술집에서 술을 마셨다.

맥주를 마시고 오징어 활어 회를 먹는 동안 꽤 술기운도 돌아서인지 대화가 점점 솔직해졌다. 지바 선생님이 자리를 잠시 비웠을 때 소데야마 씨가 이런 이야기를 했다.

"수학자는 때때로 수학을 '아름답다'고 표현하잖아요. 그거 정말 멋진 일 같아요."

소데야마 씨는 눈을 반짝이고 있다.

"무슨 소리예요?"

"일상생활에서 '아름답다'는 말은 잘 안 쓰잖아요. 니노미야 씨, 쓰나요?"

고개를 가로젓는다.

"그만큼 특별한 말이라고 생각해요. 아, 지바 선생님!"

그때 지바 선생님이 자리로 돌아왔다. 소데야마 씨가 맥주를 따르며 하나 여쭙고 싶은 게 있다고 말을 꺼낸다.

"수학자는 수학에 대해 '아름답다'는 말을 쓰잖아요."

"아아, 네. 그렇죠."

얼굴에는 드러나지 않았지만 술기운이 꽤 오른 지바 선생님이 고개를 끄덕인다.

"그건 참 특별한 표현이라는 이야기를 하고 있었어요. 선생님은 수학 외에 어떤 것에 '아름답다'는 표현을 쓰시나요?"

잠시 생각하더니 지바 선생님이 진지하게 대답했다.

"아내요. 음, 수학이랑 아내뿐이네요, '아름답다'는……. 응."

우와 멋지네요! 소데야마 씨가 감탄하며 웃는다.

내 안에서도 뭔가가 풀린 듯한 기분이 들었다.

그저 좋아서 마주하는 것. 아름다운 것. 그런 존재와 함께 인생을 보내는 일은 틀림없이 행복하리라.

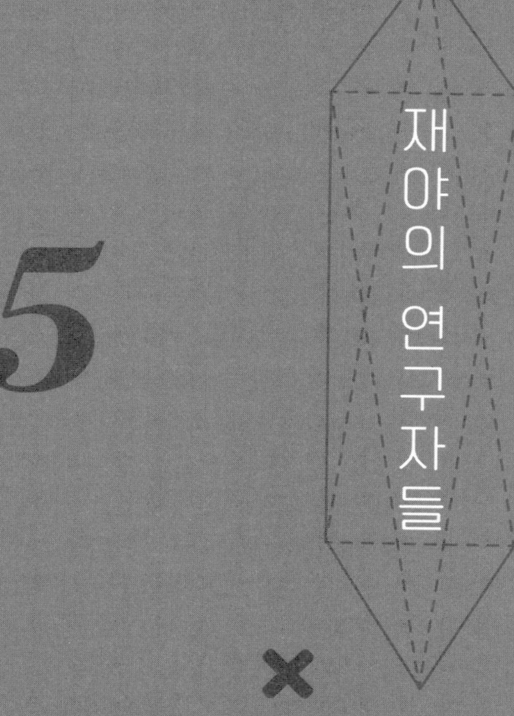

재야의 연구자들

5
[일상과 수학, 두 세계]

호리구치 도모유키(수학교실 강사)

"어찌 됐든 어른이 되고 나서 듣는 수학 이야기는 죄다 재미있네요."

"정말로요! 학생 때 배운 수학과는 다른 학문인 것만 같아요."

나와 소데야마 씨는 겐토샤 회의실에서 한껏 들떠 이야기했다.

"그래서 수학을 새롭게 다시 공부해 보고 싶어졌어요."

솔직하게 한 말이었지만 소데야마 씨는 동의하지 않았다.

"아, 저는 그건 좀……."

실은 소데야마 씨는 수식을 보는 것만으로도 두드러기가 날 정도로 수학을 싫어한다고 한다.

"하나도 모르겠어요, 수학은."

"뭘 모르겠는데요?"

"뭘 모르는지조차 모를 정도로 모르겠어요. 수학을 잘하는 사람은 어째서 잘하는지, 오히려 그게 궁금할 지경이에요."

맞는 말이다.

"가령 운동을 잘하는 사람은 딱 봐도 몸매가 좋다든가 근육이 불끈불끈하잖아요. 하지만 수학을 잘하는 사람은 우리랑 뭐가 다른 걸까요?"

"그러네요. 겉모습은 같은데…… 음, 뭐랄까……."

다른 별에서 온 생물이 아닐까?

이 수수께끼를 풀려면 수학과 대학교수에게 물어도 큰 도움이 되지 않을 것 같다. 우리가 왜 모르는지를 모르듯, 그들도 왜 모르는지 모를 가능성이 있기 때문이다.

"그러면 다음 취재는 여기로 가지 않을래요?"

내가 제안한 곳은 '어른을 위한 수학교실: 나고미'였다.

"이번엔 대학교수가 아니라 수학교실 선생님이네요?"

소데야마 씨는 신기하다는 듯 고개를 갸웃했다.

"연구의 프로가 아니라 가르치는 데 프로인 분의 이야기를 들어 보면 힌트를 얻을지도 몰라요. 수학과 수학자를 더욱 이해할 수 있는 힌트 말이에요."

일리가 있다는 듯이 소데야마 씨가 고개를 끄덕인다.

"게다가 요새 어른이 된 후에 수학을 다시 공부하고 싶어

하는 사람이 늘고 있대요. 이 수학교실도 꽤 성황이라고 하고요. 궁금하지 않아요?"

"그런데 일단 '너무도 아름다운 수학자들의 일상'이라는 연재 제목을 내걸고 있잖아요. 아리마 편집장님이 뭐라고 하실지……."

"그럼 아리마 편집장님께 이렇게 전해 주세요. 이 제목에 나오는 '수학자'는 '수', '학자'가 아닙니다. '수학', '자'입니다. 학자뿐 아니라 수학에 관련한 사람들의 이야기를 듣는다고 하면 이해하시지 않을까요?"

"그런 억지가 통할까요? 일단 얘기는 해 볼게요."

한 방에 통했다.

우리는 편집장님의 넓은 아량에 감사하며 취재에 나섰다.

일단 '접해' 본다

"첫째는, 문제에 접근하는 방식이 다르다는 점이죠."

'어른을 위한 수학교실: 나고미'를 운영하는 호리구치 도모유키 씨가 수학을 잘하는 사람과 못하는 사람의 차이를 알려 주었다.

"보통 사람은 문제의 해법을 배워서 암기한 후에 그대로 풀죠. 하지만 잘하는 사람은 그런 식으로 풀지 않아요."

나고미는 개별 지도가 주축을 이루기에 교실 안이 여러 공간으로 나뉘어 있다. 우리는 그중 하나에 들어가 호리구치 씨와 마주 앉았다. 다정한 청년 선생님 같은 인상의 호리구치 씨는 안경 안에서 싱글벙글 웃으면서 질문에 답해 주었다.

"어떻게 푸나요?"

"음, 그러니까 예를 들자면 대충 숫자를 대입해 보는 거죠."

마치 장바구니에 채소라도 집어넣듯 툭 던진다. 하지만 그 '대충'이 아무 생각 없이 한다는 뜻은 아니라고 한다.

"가령 복잡한 수식 문제가 나왔다고 칠게요. x, y가 줄줄이 늘어선 어려운 문제요. 수학을 잘 못하는 사람은 보기만 해도 머릿속이 뒤죽박죽되면서 어디부터 손을 대야 할지 몰라 하죠."

옆에서 소데야마 씨가 "맞아요, 맞아" 하며 맞장구쳤다.

"그럴 때 잘하는 사람은 단순한 방향으로 생각해 나가요. 시험 삼아 아무 숫자나 수식에 넣어 보는 거예요. 대충 x에 10을 넣어 보는 거죠. 그러면 계산 결과가 나오겠죠? 아, 그렇구나, 하는 거예요. 그런 다음에는 100 같은 조금 더 큰 숫자를 넣는 거죠."

"일단 건드려 보는군요."

"바로 그거예요. 뭐든 시도하는 거예요. 시험 삼아 해 보는 거죠. 그 외에도 이 수식은 기니까 세 부분 정도로 나눠 볼까? 그중 첫 번째를 생각해 볼까? 이런 식으로요. $\frac{\sqrt{3}}{2}+1$이라는 식은 복잡하지만 대충 2 정도니까 일단 2라고 치고 생각해 보자 등등 방법은 다양해요."

하, 하, 하. 호리구치 씨의 여유로운 웃음이 방 안 가득 울려 퍼진다. 나와 소데야마 씨는 서로의 얼굴을 쳐다보았다.

아무리 그래도 이건 너무 성의 없지 않나? 좀 더 추상적인 발상이 오가는, 천재적인 번뜩임이 머릿속에서 펼쳐지는 그림을 예상했는데.

호리구치 씨는 점토를 주무르는 시늉을 하며 말을 이었다.

"주물러 보면서 관찰하는 거예요. 그러다 보면 수식이 어떤 행동을 취하는지 점점 알게 돼요. 가령 이차함수는 그래프로 그리면 이런 형태가 되잖아요."

호리구치 씨는 교실에 걸린 화이트보드에 로마자 U 모양을 슥 그렸다.

"볼록한 부분이 위로 오거나 아래로 가는 경우의 차이가 있기는 하지만, 일반적으로 이차함수는 이런 모양이죠. 그 후에는 평행 이동할 뿐이에요. 이런 것도 행동이지요."

"그렇군요. 복잡하게 보이는 수식에도 공통의 버릇 같은 게 있네요."

"네. 그런 걸 파악해 나가면 어렵게 생각해도 대체로 이런 느낌이려나, 하고 감각으로 문제를 풀 수 있게 돼요. 수학을 잘하는 사람은 평소에 늘 이런 작업을 하는 거죠."

행동, 관찰. 호리구치 씨는 마치 동물을 보살피는 듯한, 또는 요리의 간을 보는 듯한 뉘앙스로 말했다.

"가령 30×30, 31×29, 32×28…… 이런 식의 곱셈이 몇 개 있다고 칠게요. 답이 가장 큰 게 뭔지 아시겠어요? 실은 30×30이에요. 다른 답은 전부 그보다 작아요."

"헉, 그래요?"

나는 허둥지둥 머릿속으로 암산하기 시작했다.

30×30=900. 31×29=899. 32×28=896……. 진짜다. 30×30이 가장 크다.

"이런 것도 감각이에요. 평소에 익숙해져 있으면 바로 알 수 있지만 그렇지 않은 사람은 시간이 걸리죠. 갓난아기는 닥치는 대로 손을 움직여요. 그러다가 컵을 넘어뜨리기도 하죠. 힘 조절이 안 되는 거예요. 그래도 몇 번이고 거듭해서 움직이다 보면 이 정도로 밀면 움직인다든가, 이 정도 힘을 주면 쓰러진다든가 하는 걸 학습해요. 그러다가 손을 적절히 움직일 수 있게 되죠. 그것과 마찬가지예요."

"감각이 어느 정도 있느냐 하는 문제네요?"

"네. 지금까지 니노미야 씨가 취재한 구로카와 선생님이나 가토 선생님, 지바 선생님 같은 분들은 자신의 전문 분야에 관해서 누구보다 친밀감을 느끼고 있을 거예요. 제타 함수라든가 그런 것의 행동에 대해 어쩌면 촉감마저 알 정도로 깊이 이해하고 있을걸요?”

“그럼…… 모두 처음부터 수학을 잘한 게 아니란 말씀이세요?”

“그럼요. 경험이 쌓인 거죠.”

무슨 소리지? 우리는 수학의 세계에서는 갓난아이와 마찬가지다. 그러니 아무것도 모르는 게 당연하다. 하지만 발버둥 치다 보면 조금씩 감각이 생기는 것도 사실이라고 한다.

수학 알레르기 치료법은 두려운 나머지 다가가지 않는 것이 아니라, 대충이어도 좋으니 일단 뛰어들어 보는 것이었다.

“왠지 저도 수학을 잘할 수 있을 것 같은 기분이 들어요!”

나는 안심하며 가슴을 쓸어내렸다. 다행이다. 수학을 잘하는 사람도 같은 별에 사는 사람이었다.

‘일상’과 ‘수학’, 두 세계

“물론 사람에 따라 다르기도 할 테고, 적당히 숫자를 건드려 보라고 해도 감각이 필요하겠죠. 수학을 잘하는 사람에게 이렇게 말하면 딱 알아들을 것 같은데, 감각에도 일상적인 감각과 수학적 감각이라는 게 있어요.”

호리구치 씨는 화이트보드에 원을 두 개 그렸다. 뭘 하려나 싶었는데 한쪽 원을 가리키며 터무니없는 소리를 한다.

“이쪽을 그러니까 일상 세계, 우리가 생활하고 살아가는 보통 세계라고 치죠."

"네? 그럼 다른 한쪽은……."

"네, 이쪽이 수학의 세계예요."

두 원이 마치 별처럼 화이트보드 위에 떠 있다.

"각기 다른 세계이므로 각기 다른 감각이 있겠죠? 일상적 세계관과 수학적 세계관요. 그냥 아무 생각 없이 살다 보면 일상적 세계관만 얻게 되죠. 다른 사람에게 상처 입히는 말을 해서는 안 된다든가, 공식적인 자리에는 그에 걸맞은 복장이 있다든가 하는 이른바 상식이죠. 어른이 되면서 주변 사람을 관찰해 가며 서서히 몸에 익히는 종류죠."

"설마……."

"네. 수학의 세계에도 마찬가지로 상식이 있고, 관찰하면서 몸에 익히는 것이 있어요. 하지만 두 세계의 상식은 전혀 다르죠. 머릿속이 거의 수학적인 세계관만으로 뒤덮인 사람도 있어요. 그로텐디크라는 수학자가 그랬다고 해요. 저도 직업상 수학의 세계에서 살아가는 사람과 만날 기회가 있는데, 그런 분과는 대화를 해도 무슨 소린지 잘 모르겠더라고요."

"잘 모르다니요?"

호리구치 씨가 고개를 갸웃한다.

"뭐랄까, 화제가 너무 특이해서 못 따라가거나, 전혀 알 수 없는 단어를 줄줄이 읊는다거나, 이야기가 너무 추상적이라

무슨 말을 하는지 이해가 안 되기도 해요. 같은 모국어로 이야기하고 있는데 말이에요. 음, 제대로 설명을 못 하겠네요, 뭐랄까, 떠 있어요."

어딘가에 그런 사람이 있다는 사실이 즐겁다는 듯 호리구치 씨가 웃는다.

"역시 다른 세계에 사는 사람도 있는 법이죠."

겨우 방금 같은 별의 주민이라고 안심했는데.

"누구든 어느 정도는 수학의 세계와 일상 세계를 오간다고 생각해요."

호리구치 씨는 말한다.

가령 200엔짜리 사과를 다섯 개 샀다고 치자. 진열되어 있는 동그란 사과를 집어서 바구니에 넣고 계산대에 가져간다. 하지만 잘 생각해 보면 원래 사과는 각기 다른 물체다. 하나하나 모양도 다르고 크기도 미묘하게 다르다. 그것들을 굳이 하나의 사물로 간주함으로써 '다섯 개'라고 셀 수 있게 된다.

이때 이미 우리는 수라는 추상적인 세계에 들어와 있는 것이다.

수학의 세계 속에서 200엔이 다섯 개이므로, 우리는 200×5=1000이라고 계산한다. 계산 결과를 원래 세계로 가져와 지갑에서 1000엔짜리 지폐를 꺼내는 것이다.

"현실 세계의 움직임이나 시스템을 수학의 세계로 가져와 처리하는 것을 모델화, 또는 모델링이라고 해요. 작은 모델화는 이미 우리 모두 일상적으로 하고 있답니다."

"그러면 누구나 두 세계를 지니고 있고, 어느 쪽에 좀 더 푹 빠져 있는가 하는 문제라는 얘기인가요?"

"네, 맞아요. 대개는 일상의 세계에 있죠. 그거야 당연한 얘기겠지만요. 다만 개중에는 추상적인 세계에만 존재하는 사람도 있어요. 이런 사람은 사과를 다섯 개 사는 그런 세계에 살지 않아요. 애초에 사과가 없는 세계가 주를 이루고 있죠."

나는 고개를 갸웃했다. 무슨 뜻인지 아리송했다.

"다시 말해 이 세상에 아무것도 없을 때 어떻게 수학을 만들 것인가? 하는 발상에서 생각을 시작하는 거죠. 그런 사람들이 있어요."

아무것도 없다니, 등골이 오싹해지는 공허한 말이다.

셀 사과도 없거니와 손가락 열 개도 없다. 면적을 재고 싶은 땅도 없고 재기 위한 측량기도 없는 것이다.

"가령 프레게Gottlob Frege라는 수학자는 모든 것을 논리적인 것만으로 설명할 수 있다고 믿으며 논리 기호만으로 수학을 구축하려 했어요. 결국 성공은 못 했지만요. 하지만 저도 수학 관련한 일을 하는 사람으로서 가령 우주가 존재하지 않아도 수학은 존재하리라는, 그런 생각은 가지고 있어요."

분명 그들에게는 수학이 더 가깝고 친근한 것이리라. 어쩌면 실재하는 사과가 더 기이하게 보일 정도로.

"대학 수학 정도부터 추상적인, 이른바 수학적인 세계가 주가 되는데 이때 벽을 느끼는 사람이 많아요. 엡실론-델타 논법 정도부터 잘 이해를 못 하는 수학과 학생이 꽤 있어요."

"즉 그것이 수학 세계 주민과 일상 세계 주민의 분수령인 거군요. 그런데 엡실론-델타 논법이라는 것은 어떤 내용인가요?"

"가령 말이지요, 이렇게 직선을 그려서 이 직선이 계속 이어진다면 사이에 구멍이 없다는 것을 어떻게 논리로 말할 것인가 하는 이야기예요."

화이트보드에 그려진 검은색 선은 어떻게 봐도 연속된 선이다.

"보시다시피, 라고 하면 안 되나요?"

"물론 그러고 싶은 마음이야 굴뚝같지요."

호리구치 씨의 눈썹이 곤란하다는 듯 팔(八)자를 그린다.

"하지만 안 돼요. 논리로 말해야 하니까요. '구멍이란 무엇인가?', '구멍이 없다는 건 무엇인가?'라는 이야기를 해야 하는 거죠."

"논리로 말한다는 건 어떻게 하는 거죠?"

나는 아주 가벼운 마음으로 물었다.

그러나 그 내용은 전혀 가볍지 않았다. 이 질문으로 인터뷰는 대혼란에 빠지고 말았으니까.

"으음, 그러네요. 유리수만으로 이루어진 직선은 구멍투성이니까, 만약 엡실론-델타로 하면 한 유리수열로 생각해 나가면 좋을 것 같네요. 그러면 임의의 엡실론에 대해 한 델타제로가 있어서, 그것에 의해서도 큰 델타를 생각할 때 그 수열 에이 델타에 대해 수속치 알파에서 거리가 엡실론보다 작아지죠. 이런 느낌으로 생각하다 보면……."

잇따라 쏟아지는 알 수 없는 말들. 못 따라가는 건 당연지사. 유리수라는 말은 어딘가에서 들어 본 것도 같은데, 정수나 분수로 나타내는 수였던가? 옆에서는 소데야마 씨가 눈을 휘둥그레 뜨고 있다. 수학교실 직원이 지원 사격을 위해 출동했다.

"무슨 일이세요, 호리야마 씨?"

"아, 마쓰나카 씨. 지금 말이죠, 유리수 직선에 구멍이 있다는 걸 엡실론-델타를 이용해서 설명하고 싶은데 어떤 식으로 하면 좋을까요. 데데킨트 절단 등 여러 가지가 있던 것 같은데, 저도 약간 명확하지 않은 부분이 있어서……."

"……만약 유리수열을 이용한다면 $\sqrt{2}$에 수속하는 유리수열을 코시열로서 구성하면 되니까 $\sqrt{2}$의 십진 소수 표시를 소수 n자리까지로 멈추게 한 것을 (an)이라고 하면 되지 않을까요?"

아아, 그럼 이렇게 하면 되나. 응원하러 온 마쓰나카 씨와 호리구치 씨가 둘이서 말하며 고개를 끄덕이더니 각각 화이트보드에 기호와 숫자를 써 내려간다.

"그러니까 몇 개나 같은 값의 명제가 있다는 거네요. 데데킨트 절단이랑 바이어슈트라스의 그 녀석, 구간축소법, 코시열을 한데 묶는다든가……. 뭔가 하나가 인정되면 다른 건 전부 거기서 도출할 수 있어요."

"그렇죠. 엄밀성을 어떻게든 해결하자는 것이니 19세기 정도에 데데킨트라든가 코시라든가 그런 분들이 열심히 연구하신 데서……."

우리는 숨을 죽이고 폭풍이 지나가기만을 기다리는 수밖에 없었다. 15분이나 깊은 논의가 이어진 후에 이윽고 호리구치 씨가 상기된 얼굴로 이마를 닦으면서 죄송하다는 듯이 내 쪽을 보았다.

"대체로 이런 식이네요. 죄송합니다. 완벽하게 이해할 만한 설명이 되지는 못했을 거예요. 정말 죄송해요."

저희야말로 힘들게 해서 죄송합니다. 나와 소데야마 씨는 사과하는 마음으로 고개를 숙였다. 좌절하는 학생의 마음을 알고도 남을 것 같았다.

사회 문제는 수학으로 더욱 깊이 이해할 수 있다

호리구치 씨는 학창 시절 이른바 수학을 잘하는 학생이었다. 거의 공부하지 않아도 수학 점수는 좋았지만, 그래도 대학에 들어가서는 벽을 느꼈다고 한다.

"역시 교수님들은 대단해요. 저 같은 사람은 도저히 따라갈 수가 없어요. 질문했다가 '이건 정말 간단하잖아. 왜 이걸 모르지?'라는 말을 들은 적도 있어요. 이걸 간단하다고 생각할 정도가 아니면 수학자는 못 되겠다고 생각했지요."

원래 수학 하나로 먹고살기는 어렵다고 생각한 호리구치 씨는 자신의 경험을 살려서 사업을 하기로 했다. 그래서 탄생한 것이 '어른을 위한 수학교실: 나고미'다.

"어른이 되고 나서 수학을 배우고 싶어 하는 분들이 많아요. 그런데 그 요구에 맞춰 줄 수 있는 학원은 사실상 적죠. 이런 부분을 메울 방법이 없을까 싶더라고요."

"역시 사회에서 수학이 도움이 되는 일은 많은가요? 어른이 되어서 필요를 느끼거나……."

그렇죠, 하고 호리구치 씨는 긍정했지만 조금 더 생각해 보더니 고쳐 말했다.

"다양한 경우로 나눠 볼 수 있겠네요. 크게 네 종류 정도로 나뉘려나. 하나는 통계학. 이건 지금 유행으로, 데이터 전문가가 되고 싶다거나 빅 데이터를 분석하고 싶다거나, 그런 실무상 이유로 배우는 분이 많아요. 두 번째는 시험에 대비하려고 오시는 분. 구직할 때 필요한 SPI라든가 대학 입시용 고등학교 수학 등을 배우는 경우죠. 대학의 수학과 학생도 저희 교실에 와요. 세 번째는 수학의 감각을 익히고 싶은 분."

"아까 30×30, 31×29……의 곱셈 감각 같은 것 말인가요?"

"맞아요. 이건 범위로서는 중학교 수학이나 산수죠. 그리고 마지막 네 번째가 취미로 삼고 싶어서 오시는 분이에요. 좋아하는 장르를 더욱 깊게 배우고 싶다는 생각으로 다양한 분들이 오시죠."

"꽤 여러 가지 수학적 요구가 있네요."

실제로 수강생은 초등학생부터 연배가 있는 분들까지 다양하다고 한다.

"맞아요. 그래서 '수학의 이런 점이 도움이 되니까 가르쳐 드릴게요'가 아닌 거죠. 그보다는 '당신의 고민, 수학이 도움이 될지도 몰라요'에 가까워요. 고객의 고민이라든가 꿈, 어떤 사람이 되고 싶은가를 듣고 저희가 커리큘럼을 제안 하죠."

어디까지나 현실적인 요구가 먼저다. 세고 싶은 사과가 있기에, 그것에 맞는 수학 세계의 기술을 가르치는 수학교실이 있다고 할 수 있다.

"예를 들자면, 경영자들은 큰 숫자를 계산하잖아요. 매출액 1200만 엔인 점포가 전국에 800군데 있습니다, 합계가 얼마일까요? 이런 문제도 거듭제곱이라는 사고방식을 익히면 96억 엔이라고 간단히 암산할 수 있어요. 일종의 기술이죠. 거듭제곱이라는 건 딱히 매출액 계산을 위해 태어난 개념은 아니지만 그래도 일상 세계에 가져오면 도움이 돼요."

호리구치 씨는 이른바 무역상 같은 역할을 한다고 한다. 수학 세계의 발명품을 일상 세계로 가져와서 파는 것이다.

"그러면 호리구치 씨와 마쓰나카 씨는 일상생활에서 어떤 문제가 있는지를 알아야 하고, 그 답이 수학 세계의 어디에 있는지도 알아야 한다는 거네요."

"그렇죠. 그 사이에 있는 사람은 의외로 적어요. 두 세계를 연결하기 위해 우리 같은 사람들이 존재하나 싶어요."

나는 앞서 수학교실 스태프와 미지의 언어로 대화하던 호리구치 씨를 떠올렸다. 그 모습은 여행지에서 현지인과 낯선 언어로 협상하는 가이드와 조금 닮았다.

현지 사정에 빠삭한 가이드는 그 나라와 관련한 재미있는 에피소드를 많이 갖고 있기 마련인데, 호리구치 씨도 예외가 아닌 듯했다.

"원래 저는 수학 신봉자였어요. 수학은 정말로 훌륭해, 이것만 있으면 세상 모든 것을 설명할 수 있어. 이렇게 진심으로 믿었죠. 하지만 개업하기 전에 어떤 벤처 기업에 들어가 일을 배웠는데, 그곳에서 수학만으로는 도저히 해결 안 되는 일을 많이 겪었어요."

"가령 어떤 일인가요?"

"어떤 서비스를 만들려고 했는데, 법률적으로 미묘한 부분이 있었어요. 안 된다고 쓰여 있는 건 아니지만 된다고도 쓰여 있지 않고 전례도 없었죠. 그래서 저는 하면 안 된다고 생각했어요. 규칙을 중시한 거죠. 수학 세계에서는 공리를 전제로 논의하고 구축해 나가니까요."

호리구치 씨는 반대했지만 회사에서는 그 서비스가 사회적으로 요구된다고 판단했고, 결국 실현시켰다. 그 결과 이용자의 평판은 좋았다. 관할 행정기관에 보고하러 갔을 때도 이의 제기 없이 오히려 좋은 평가를 받았다고 한다.

"이거예요. 비즈니스라는 것은 더욱 생생하고, 사람과 사람의 관계로 움직이죠. 수학과는 다른 세계, 다른 로직이라는 사실을 통감했어요. 수학의 늪에서 빠져나오는 계기가 되었죠."

호리구치 씨의 말을 빌리면 그 늪은 "무척 깊고 엄청나게 재미있지만, 오래 머무르면 일상적인 감각을 잃게" 된다고 한다. 그대로 수학 세계에 완전히 잠기는 사람이 있는가 하면, 호리구치 씨처럼 현실 세계와의 교류에서 의의를 발견하는 사람도 있으리라. 그리고 나나 소데야마 씨는 아직 그 늪을 멀리서 바라보는 상태인 셈이다.

수학과 어울리는 법은 저마다 다르다. 그러나 두 세계가 서로 겹쳐 있다니, 생각해 보면 인간은 신비한 생물이다. 어쩌면 인생을 두 배로 즐길 수 있다는 얘기가 아닌가.

수학을 하는 사람이 가장 멋진 장소

"역시 수학을 좋아하는 사람은 고독하기도 해요."

호리구치 씨가 나직이 중얼거렸다.

"일상에서 좀처럼 이쪽 친구를 만나는 일도 없고, 모르는 사람 눈으로는 이해하기 힘든 세계니까요. 그래서 말이죠, 이벤트를 만들었어요."

"이벤트요?"

"네." 호리구치 씨는 싱긋 웃으며 대답하고는 '로맨틱 수학 나이트'라고 적힌 전단지를 내밀었다.

"학회나 스터디 모임 같은 건가요?"

"좀 더 오락적으로 접근한 거예요. '수학하는 사람이 가장 멋있다고 인정받는 장소'를 만들고 싶었어요. 저부터 그런 장소가 있으면 했으니까요. 이거, 지난번 이벤트 사진이에요."

찍혀 있는 광경은 극장이나 라이브하우스에서 찍은 듯했다. 손에 술잔을 든 관객이 서 있거나 박수를 치는 등 달아오른 분위기였다. 어떤 인물이 스포트라이트가 비치는 단상에서 양팔을 올려 무언가를 공연하고 있다. 스크린에는 '당신 안에 잠든 수학을 풀어 놓으라'는 문구가 떠 있다.

"수학 팬들이 아주 기뻐해 줬어요. 이때는 200명 정도 들어가는 장소를 빌렸는데 꽉 채웠습니다."

나는 눈을 휘둥그레 떴다.

"수학이 오락거리가 될 수 있나요?"

"그러게요. 참가자 여러분의 성원에 힘입어 그렇게 됐다고나 할까요. 주최하는 우리도 수학 팬의 저력을 새삼 느꼈어요."

나는 소데야마 씨와 마주 보았다.

여기에도 우리가 모르는 수학의 세계가 있는 모양이다.

"괜찮으시면 다음에 놀러 오실래요?"

약간 흥미는 일었지만 과연 괜찮을까 싶은 불안도 있었다. 소데야마 씨도 같은 생각이었는지 쭈뼛쭈뼛 말했다.

"하지만 저, 수학은 정말, 완전히 꽝이라……."

"아, 괜찮아요. 수학을 모르는 분이라도 즐길 수 있을 거예요."

호리구치 씨는 시원스레 답했다.

수학을 몰라도 즐길 수 있다고? 그런 일이 가능할까?

일단 거절할 이유는 없어졌다.

6
[개그 소재가 진리로 향한다]

다카타 선생님(개그맨)

"오고야 말았네요."

화창한 토요일, 사무용 빌딩 한편에서 소데야마 편집자와 만났다.

"와 버렸어요."

우리는 진지한 표정으로 고개를 끄덕였다. '로맨틱 수학 나이트 회장은 5층'이라고 쓰인 간판은 세련된 무기질이었다. 마치 취업 세미나 간판을 보는 듯했다. 회장은 깔끔했고 의자는 푹신한 소파였다. 분위기는 편안했지만, 접수할 때 건네받은 종이와 그곳에 쓰인 글자를 본 우리는 당황하고 말았다.

• 도전장 •

숫자 x 이하의 최대 정수를 $[x]$라고 표시할 때, 다음 관계식을 충족하는 최소 유리수 x를 구하시오.

$[x/2]+[2x/3]+[3x/4]=4$

좋은 거 줄게요, 하듯 내민 남성 스태프의 얼굴 가득 띤 미소를 보기가 괴로웠다. 우리는 조용히 종이를 접어서 가방에 넣었다.

정말 괜찮을까? 낮부터 시작되는 이벤트는 친목회까지 포함하면 밤 9시까지 이어진다고 한다. 마니악한 수학 이야기를 끝도 없이 듣고 이해가 안 돼서 계속 뒤처지다가 결국 뇌가 과열되어 죽어 버리거나 하지는 않겠지?

전전긍긍하고 있는데 이벤트가 시작되었다. 회장이 어두워지고 영상이 흘러나오더니 음악과 함께 사회자가 단상에 나타났다.

"안녕하세요! 여러분 잘 오셨습니다. 오늘은 매스매틱 해러스먼트harassment는 전혀 없어요. 수학에 강한 분도 약한 분도 함께 즐기자는 취지의 이벤트니까요."

소데야마 씨와 얼굴을 마주 본다. 정말일까.

"저도 몇 번이나 사회를 맡고 있는지라 제타 함수라든가 그런 말을 자주 듣는데 그게 뭔지 전혀 모릅니다. 하지만 그래도 괜찮아요. 잘 모른다는 사실을 소중히 합시다!"

껑충한 키에 마른 체형의 사회자가 몸을 숙여 인사한 뒤, 안경을 끼고 검정 조끼 차림으로 싱글벙글 웃으며 회장을 둘러본다. 그러고 보니 회장은 어느새 만석이다. 눈을 반짝이며 단상을 쳐다보는 중학생 정도로 보이는 여자아이도 있고, 약간 불안한 듯 주눅 들어 있는 청년도 있다.

조금은 긴장이 풀어진 탓인지 다시금 의문이 든다.

잘 모르는데 수학을 즐기는 일이 정말 가능할까? 앞으로 무슨 일이 벌어질까? 우리는 마른침을 삼키며 지켜보았다.

먹을 수 있는 제타 함수, 폰즈에 잘 어울리는 그뢰브너 기저

"모르면 모르는 대로 즐길 수 있는 이벤트예요."

사회자인 다카타 선생님은 그렇게 말했다.

로맨틱 수학 나이트는 기본적으로는 짧은 프레젠테이션의 연속으로 구성된다. 사전에 모집된 발표자들이 8분 정도 짧게 연달아 발표하는 형식이다. '당신 안의 수학을 풀어헤쳐라'라는 캐치프레이즈대로, 수학에 관한 내용이라면 뭐든 괜찮다고 한다.

"얼마 전에도 한 로맨티스트가 제타 함수에 관해 이야기했는데요."

"로맨티스트?"

"아, 죄송해요. 이 이벤트에서는 프레젠터를 '로맨티스트'라고 불러요. 아무튼 그분은 제타 함수라는 수학 개념이 너무 좋은 나머지 사랑에 빠져 버렸어요. 그 사랑이 너무 깊어져서 제타 함수 그래프를 3D 컴퓨터그래픽으로 표현했죠. 3D프린트로 출력한 거예요. '만질 수 있는 제타 함수'라면서요. 그걸 이벤트에 가져왔어요."

"과연, 왠지 한없는 로망이 느껴지는군요."

"그런데 그것에 그치지 않고 이번에는 제타 함수를 먹고 싶어져서, 스폰지 케이크와 생크림으로 제타 함수 모양 케이크를 만들어 오셨어요. 이로써 문자 그대로 제타 함수를 맛볼 수 있다면서요. 실제로 레시피를 쿡패드(일본의 요리 레시피 공유 사이트—옮긴이)에 올렸더라고요. 그 정도 열정이랍니다."

그 레시피를 살펴보니 "중심부의 홈($0 < Re(s) < 1$의 영역)도 생크림으로 채웁니다"라든가 "$s = 1$지점에 생크림으로 가볍게 산을 만들어 초를 꽂습니다. 완만한 곡선으로 극을 재현하세요" 같은 말이 등장하는 것으로 보아 심상치 않다.

나는 수긍하고 고개를 끄덕였다.

제타 함수가 뭔지는 몰라도 재미있는 일을 하고 있다는 건 알 수 있었다.

이벤트가 진행됨에 따라 나도 점점 흥겨워졌다. 실제로 이야기를 듣다 보니 재미가 있었다.

마치 마술 같은 재미있는 증명 방법을 소개하는 대학생, 계산기 대수(計算機代数)라는 분야가 재미있으니 꼭 알리고 싶다는 고등학생, 691이 가장 아름다운 소수라고 주장하기 시작한 중학생이 있는가 하면 일본의 고전 수학 문화 고찰을 시작한 이도 있었다.

머릿속에 쏙쏙 들어오는 이야기도 있지만, 전혀 이해할 수 없는 이야기도 있다. 하지만 따라가지 못한다고 해서 지루하다고 할 수는 없다. 뭔지 몰라도 복잡한 수식을 조금씩 만지기 시작하더니 척척 변형시켜서 매우 단순한 수식으로 변하는 모습에서는 어딘가 숨은 재주를 보는 것 같은 흥분이 느껴졌다. 내용은 잘 몰라도 매료되는 것이다.

이벤트 회장 분위기의 힘도 클 것이다. 모두 활기차고 기쁨에 차서 이야기하고 있어서 보는 사람까지 왠지 들뜨게 된다.

특히 이번은 어쩌다 초대받은 우리를 빼고 참가자 모두가 스물두 살 이하인 '로맨틱 수학 나이트 U22'였기에 열기는 꽤 뜨거웠다.

이것은 스터디와는 전혀 다르다.

난폭한 표현이라는 걸 알고 말하자면 한마디로 막장이다. 수학이라는 주제로 재미있는 이야기를 말하는, 혹은 자신이 재미있다고 생각하는 내용을 토해 내는 그런 장소다. 손님은 그 내용에 감동은 물론이고, 로맨티스트의 열정에 매료되어 박수를 보낸다. 그래서 관객과 발표자의 벽은 낮고, 실제로 즉석에서 발표하는 사람도 적지 않다고 한다.

문득 "그뢰브너 기저에는 폰즈가 잘 어울린다!"는 목소리가 들렸다. 폭소가 터지고, 실제로 폰즈를 가지고 단상에 올라가는 사람이 보인다. 시끌벅적하게 신명을 돋우더니 폰즈를 들이키기도 한다. 무슨 일인가 싶어 눈만 껌벅이는 사람도 있다. 물론 나도 그중 하나다.

이건 수학 팬이 트위터에서 유행시킨 농담이 원조라고 한다. '그뢰브너 기저'란 수학 용어로, 당연히 음식은 아니다. 자기들만의 재밋거리인 셈인데 신기하게도 따돌림 당한 기분은 들지 않았다.

이 모임은 '수학을 즐기는 것'과는 조금 성격이 다르다. '수학으로 즐기기'라고 해야 할까, 수학을 계기로 다 함께 놀아보자는 취지인 것이다. 신규 회원도 환영이다. 수학을 좋아하는 사람 중에 나쁜 사람은 없고, 앞으로 수학을 좋아하려는 사람 중에도 나쁜 사람은 없다.

그런 느낌이기에 나도 다음 로맨티스트가 어떤 이야기를 하는지 기대가 되고, 나도 모르게 "폰즈!"라고 함께 외칠 것만 같다.

‘수학으로 즐기기’의 예로 들 수 있는 것 중 하나가 ‘소수 대부호’라는 게임이다.

“소수 대부호 게임의 깊이와 가능성에 대해 이야기하고자 합니다.”

이런 발표를 하는 로맨티스트가 있고, 또 구석 공간에서 실제로 소수 대부호 놀이를 하는 사람들도 있었다. 수학 팬들 사이에서는 그럭저럭 알려진 놀이인 모양이다.

소수 대부호는 과거에 로맨티스트를 경험한 적도 있는 세키 신이치로 씨가 고안한 트럼프 카드 게임으로, 규칙은 간단하다. ‘대부호’와 마찬가지로 순서대로 손에 든 카드 중에서 소수를 내는 게임이다. 소수란 1과 자기 자신 외에는 나누어떨어지지 않는 2 이상의 정수. 구로카와 노부시게 선생님과 나눈 대화 중에 “숫자에 있어서 원자 같은 존재”라는 말이 나온, 수학을 아는 이들에게는 무척 중요한 존재다.

가령 누군가가 ‘2’를 내면 다음 사람은 ‘2’보다 큰 소수를 내야 한다. ‘3’을 내고 ‘5’를 내고……. 그런 식으로 게임을 진행해 간다. 못 내면 패스다. 모두 못 내게 되면 깔린 패를 버리고 다시 새로운 소수를 낸다. 이것을 반복하다가 손에 든 패가 가장 먼저 없어진 사람이 이기는 게임이다.

소수 대부호에서는 여러 장을 한 번에 낼 수 있다. 가령 ‘4’와 ‘A’를 함께 내면 ‘41’이라는 소수가 된다. 이 경우 다음 플

레이어도 두 장을 내면서 41보다 큰 소수를 만들어야 한다. '9'와 '7'로 '97', 'Q'와 'K'로 '1213' 등 다양한 소수를 만들 수 있다. 물론 카드를 세 장 이상 내도 되는데, 자릿수가 점점 커지면 그것이 정말 소수인지 아닌지 판단하기가 어려워진다. 물론 소수가 아닌 카드를 내면 벌칙이다. 공식 규칙에는 소수 판정을 하는 심판도 있다.

손에 든 패의 숫자로 어떤 소수를 만들 수 있는가? 상대방이 낸 숫자는 정말로 소수인가? 게임을 통해 생각하면서 새로운 소수를 익히고, 때로는 깜짝 놀랄 만큼 큰 소수가 만들어지고는 해서 꽤 재미있다고 한다.

완전히 수학으로 놀고 있다.

나아가 특수 규칙이 있다. '대부호 게임'에서의 '8 자르기'를 아는가? 이는 '8'을 내면 강제적으로 그 판이 종료되는 규칙으로, 전략적으로 여유를 두는 것이다. '소수 대부호'에서는 유사 규칙으로 '그로텐 컷'이 있다. 이는 '5'와 '7' 즉, '57'을 내면 해당 판을 종료시킬 수 있는 규칙이다.

왜 57일까?

실은 이건 수학 조크다.

그로텐디크라는 수학자가 한 강연에서 소수의 예로서 57을 들었다. 그러나 57은 3과 19로 나뉘기 때문에 실제로는 소수가 아니다. 위대한 수학자도 틀리기도 한다는 예, 또는 구체적인 예보다도 추상적인 이론에 흥미가 있다는 증거로서 유명한 에피소드라고 한다.

즉 그로텐디크 정도 되는 사람이 헷갈릴 정도라면 57은 소수라고 할 수 있지 않을까? 아니면 적어도 소수 대부호의 특수 규칙 정도에는 써 줘도 좋지 않을까? 이런 재치가 '그로텐컷'인 것이다.•

여기는 대체 뭐지?

신이 나서 즐기고 있는 '소수 대부호' 부스를 멀리서 지켜보며 나는 고민하기 시작했다.

그들은 분명 진심으로 즐기고 있었다. 기존 멤버든 신규 멤버든 함께 어울려 여기저기서 폭소를 터뜨리고 있다. 그들은 일반인보다도 훨씬 수에 대해 애착을 지닌 듯 보였다. 호리구치 씨가 말하는 "일단 건드려 보기", "관찰하기"라는 감각일까?

그리고 수학적 의의보다는 '웃기기'를 노린다는 점이 특이했다. 그런 의미에서 진지하게 연구를 이어 가는 연구자와는 또 다른 세계인 것이다.

그러나 이건 놀이구나, 라고 결론짓고 방심하고 있으면 간

• '소수 대부호 게임'에는 그 외에도 합성수 내기 등의 특수 규칙이 있다.

이 떨어질 만한 이야기가 날아온다. 고안자인 세키 씨의 블로그를 보면 '소수 대부호에서 낼 수 있는 이론상 최대 소수는 71자리다. 2인 대결에서 상대에게 A 한 장만을 갖게 하고 계속 패스를 반복하면 가능하다', '소수 대부호에서 낼 수 있는 9자리까지 소수의 수를 계산하면 518만4877개다' 등등. 어쨌든 수학으로서의 배경이 엿보이기도 한다. 어쩌면 이건 중요한 연구였던 것은 아닐까 하는 착각이 들 정도다.

그런가 하면 '그로텐 컷은 스페이드로 내야 가장 잘 잘릴 것 같다' 같은 힘 빠지는 이야기가 다시 나오기도 한다.

깊은 수학의 세계인 동시에 오락이기도 하다. 한편으로는 그런 게 가능할까 싶기도 하고, 이건 이것대로 재미있다 싶기도 하다. 이 신기한 감각을 푸는 힌트를 얻고 싶어서 나는 다카타 선생님을 만나러 가기로 했다. '로맨틱 수학 나이트' 종합 사회자로서의 의견도 듣고 싶었고, 다카타 선생님이 수학과 어떻게 관여하고 있는지 흥미가 일었기 때문이다.

참고로 '다카타 선생님'은 예명이다.

그는 요시모토 크리에이티브 에이전시에 소속된 어엿한 개그맨이자, 고등학교에서 교편을 잡는 교사이기도 하다. 이른바 '개그맨 수학교사'. 이분이라면 '수학으로 즐기는 것'에 관해 뭔가 알고 있지 않을까 싶었다.

개그와 수학 사이에서

한산한 주택가, 메조네트식 아파트의 중 하나가 다카타 선생님의 자택 겸 영상 스튜디오다.

"고등학생 때 장래 희망은 개그맨 아니면 수학 선생님이었어요. 그때는 개그와 수학을 융합시킨다는 발상을 못 했죠. 각기 다른 영역이었어요."

키가 껑충하고 안경을 쓴 다카타 선생님은 무척 모범생 같은 외모였다. 사회를 볼 때와 마찬가지로 빨간 조끼를 입고 있었다. 업무 모드일 때는 꼭 이렇게 입는다며 개그맨다운, 또는 교사다운 낭랑한 목소리로 미소를 거두지 않고 말한다.

"원래 수학을 좋아하고 잘했기 때문에 수학자가 되고 싶다고 생각한 시기도 있었어요. 다만 중학교 때 마찬가지로 수학을 좋아해서 친해진 반 친구가 있었는데요, 그 친구랑 교류하면서 꽤 자극을 받았어요. 어느 날 초청받아 간 곳이 대학교인 적도 있었죠."

"헉! 거기에 중학생이 참가한 건가요?"

"맞아요. 당연한 얘기지만 그곳에서는 전문적인 논의가 이루어지죠. 저는 그때 정말 우와, 하는 느낌으로 제가 무슨 이야기를 하는지도 모르고 횡설수설했어요."

다카타 선생님은 약간 곱슬거리는 머리를 긁적였다.

"또 국제고등연구소라는 곳이 존재한다는 사실도 알았죠.

그게 뭔가 싫어서 조사해 봤죠. 수학은 종이와 연필로 한다는 이미지를 갖고 있었는데 국제적으로는 쿠키와 차로 하더라고요. 요컨대 혼자서 하는 시대는 끝났고, 모두 모여 논의하는 시대라는 거예요. 국제고등연구소라는 곳은 의식주가 완비되어 기거할 수가 있어요. 여기저기 화이트보드가 놓여 있어서 누군가가 떠올린 수식이 적혀 있기도 하고, 모두가 그것을 보고 '나라면 이렇게 하겠어' 같은 커뮤니케이션을 하면서 논의를 진행하는 장소라고 해요."

"스케일이 완전히 다르네요."

"네. 그걸 알게 되자 왠지 압도되더라고요. 내 실력이나 열정에 한계를 느끼고 수학자의 꿈을 포기했죠."

그렇기는 해도 변함없이 수학은 잘했고, 못하는 친구에게 알려주기도 했다는 다카타 선생님. 개그도 좋아해서 축제 때 스스로 대본을 써서 만담도 했다. 그리고 수학 선생님과 개그맨, 어느 쪽을 선택할지 결정하지 못한 채 대학 진학을 계기로 도쿄로 왔다.

"대학에 다니면서 인디 개그맨으로서 활동했는데 그다지 이름을 알리지 못했어요. 일단 대학 졸업과 동시에 교사가 되었죠. 선생님이라면 할 수 있으리라는 자신감이 있었어요. 그런데 생각보다 잘 풀리지 않았어요. 학생과의 관계가 안 좋아져서 결국 1년 만에 교사를 그만뒀죠."

이때부터 다카타 선생님은 두 개의 길을 오가게 된다.

"지금 생각하면 유연성이 없었어요. 제가 수학을 잘하고 좋아했기 때문에 수학을 싫어하고 못하는 아이들의 마음을 이해하지 못했던 거죠. 제 수업을 좋아한 학생도 있었지만, 그 아이는 원래 수학을 잘했어요. 못하는 학생에게는 더더욱 꼭꼭 씹어서 전해야 하는데, 거기까지 생각이 미치지 못했죠."

다카타 선생님은 약간 고개를 숙이면서 말을 이었다.

"개그맨과 선생님, 둘 다 꿈이었는데 둘 다 망쳐 버려서 그때부터 1년 동안은 빈둥거렸어요. 하지만 점차 개그맨에 대한 열망이 다시 살아나더라고요. 콤비를 짜서 '학생에게 괴롭힘 당해서 선생님 그만뒀습니다' 같은 자학 개그를 하면서 요시모토 양성소에 들어갔죠. 그때까지 수학 소재는 한 번도 안 썼어요."

코미디에 다시 도전한 것이다.

"그럭저럭 반응은 좋았는데, 역시 코미디의 세계는 냉엄해서 성공은 못 했죠. 그러는 동안 궁지에 몰리고 콤비였던 친구와도 사이가 나빠져서 해체되고 말았어요. 그 무렵 지금의 아내와 만나서 결혼하게 되었죠. 그래서 일단 가족의 생계를 책임져야 하니 교사 면허를 쓰자는 생각을 했죠."

이번에는 교사에 재도전.

"교사 일을 하면서 밤에는 혼자 무대에 서거나 유튜브에 개그 동영상을 올리기 시작했어요. 아내는 만화가인데, 그쪽 수입이 안정되면 개그맨에 전념해야지 했어요. 그때까지의 잠정적인 조치였던 셈이죠, 처음에는."

개그맨에 전념하지도, 교사에 전념하지도 못했다. 어떤 의미에서 가장 어중간한 형태였다. 그러나 그것이 생각지도 못한 변화를 낳았다.

"그랬더니 교사로서의 일이 엄청나게 잘 풀리는 거예요."

"어떻게요?"

"개그맨은 웃기면 그만인 세계잖아요. 그 생활을 3년간 했더니 유연성이 생긴 거죠. 저는 재미있다고 생각해도 관객 반응이 나쁘면 소재를 수정해야 해요. 학생 눈치는 보지 말고 학생이 요구하는 걸 제공하자, 이런 마인드를 가지게 된 거죠,"

뼛속부터 개그맨인 그의 기질이 여기에서 좋은 방향으로 기능하기 시작한다.

수학의 정리 등을 잊지 않도록 언어유희 노래를 만들어 학생에게 소개하기 시작했다. 〈원주율 노래〉, 〈삼각형의 오심 노래〉, 〈삼각함수의 가법 정리 노래〉 등등이 있었다.

그는 유튜브에 올라간 동영상을 보여 주었다.

"원, 투, 아, 원, 투, 스리, 포! 삼각형의 다섯 개의 심을 아나요~♪ 내심 외심 수심 방심……."

"이 노래를 실제로 수업 중에 부르나요?"

동영상 속에서 목소리 높여 부르짖는 모습을 보고 나는 다카타 선생님을 돌아보았다. 그는 정색하며 "네, 기타를 치면서요"라고 대답했다.

"와, 재미있어요. 이런 수업이라면 수학이 정말 좋아질 것 같아요."

소데야마 편집자가 눈을 반짝이며 동영상을 보았다. 다카타 선생님은 만족한 듯 끄덕이며 이어 말했다.

"만담가에게 있어서 M-1그랑프리, 원맨 개그맨에게 있어서 R-1그랑프리 같은 승부의 날이 교사에게도 있어요. 바로 수업 참관일이죠. 저는 참관일마다 신작 노래를 준비해서 기타를 치면서 노래했어요. 후렴구에 '자, 여러분도 다 같이!' 같은 추임새도 붙여서요. 그러면 학생뿐 아니라 보호자도 모두 노래를 불러 줘서 분위기가 한껏 달아오르죠. 옆반 선생님께 '조금만 조용히 해 줄 수 없나요?'라는 말을 듣기도 했지만요."

그야말로 라이브 무대다.

"실제로 모두 그걸로 정리를 다 외웠나요?"

"그럼요! 2017년 1월에 동창회가 있었어요. 7년 전에 가르친 아이들이었는데, 당시 수업에서 노래로 배운 〈메넬라오스와 체바의 정리〉를 다시 한번 불러 달라고 하는 거예요.

모두 여전히 외우고 있었을 뿐더러, 후렴구에 이르러서는 정점, 분점, 분점, 정점…… 하면서 함께 노래했어요.”

“하하하” 하고 다카타 선생님은 웃었다.

“기억에 남아서 정말 다행이라고, 생각했어요.”

개그맨만으로도, 수학만으로도 가닿지 못할 무언가에 닿은 것이다.

남다른 꼼수로 진리를 엿보다

학생을 위해 무엇을 할 수 있을까?

노래나 언어유희 말고도 다카타 선생님이 또 하나 중요하게 여긴 것이 해법을 스스로 만드는 일이었다.

“교과서에 실린 풀이 방법을 가르쳐 줘도 제대로 못하는 학생이 반드시 나와요. 예전의 저는 ‘이게 가장 좋은 방법이니까 이렇게 해’라고 말했어요. 하지만 지금은 제대로 못하는 것을 전제로 어떻게든 해야 한다고 생각해요. 그래서 ‘자, 잠깐만 기다려 봐. 꼼수를 알려 줄 테니’라고 말하죠.”

다카타 선생님이 개발한 꼼수는 제법 많은데, 인터넷에 다수 소개되어 있다. 예를 들어 이런 문제가 있다고 하자.

“어떤 일을 A 혼자서 하면 a일이 걸리고, B 혼자 하면 b일이 걸린다. 이 일을 A와 B 두 사람이 하면 며칠 걸릴까?”

요컨대 업무산(仕事算, 일본 수학에서 어떤 일을 몇 명이 할 때 걸리는 시간을 계산하는 문제—옮긴이)인데, 분수 등을 이용해 푸는 방법이 일반적이다. 하지만 비법인 '다카타 공식'에 의하면 답은 바로 $ab/(a+b)$일이다. 이것만 외워 두면 자잘한 건 생각하지 않아도 곧바로 답을 도출할 수 있다. 그러나 이 비법은 둘이서 일을 할 경우에만 해당하므로 세 명일 때나 한 명이 도중에 쉬는 때 같은 응용문제에는 쓸 수 없다.

다시 말해 꼼수는 문제의 본질을 이해하여 알기 쉽게 푸는 방법을 찾는다는, 수학의 본질에서는 약간 빗겨 나간 측면도 있다.

"꼼수를 생각해 내서 수학을 못하는 학생들에게 시켜 봐요. 그래도 못 풀면 다시 생각해 보고. 창의적인 고민을 반복하죠. '다음 시간까지 반드시 너희들도 풀 수 있는 꼼수를 생각해 올게'라고 약속했는데 다음 시간이 닥쳐올 때까지 전혀 떠오르지 않을 때도 있어요. 계속 머릿속 한쪽에서 생각하고 또 생각해서 몇 번이나 노트에 공식을 이리저리 풀어 보죠. 당일 아침 자전거를 타고 출근하는 동안에 퍼뜩 떠오를 때도 있어요. 그래서 노트에 써서 확인하느라 지각할 뻔하기도 하고요."

하지만 철저히 생각하고 있다는 사실에는 변함이 없다. 수학자가 생각 끝에 진리에 이르듯, 다카타 선생님도 꼼수를 발견하는 것이다.

"제가 하는 일은 에도시대의 '와산(和算, 중국의 고대 셈법을 기초로 일본 에도시대에 발달한 수학—옮긴이) 붐'과 닮았다고 생각해요. 일설에 따르면 에도시대에 가장 잘 팔린 책은《진겁기》라는 산술서였다고 해요. 모두가 이걸 읽고 자기만의 산술 기술을 경쟁한 거죠. 이 산술, 현대의 수학과는 조금 달라서 엄밀한 증명 같은 건 그다지 상관없었어요. 그저 문제를 푸는 기술을 짜내서 보여 주는 데 중점을 뒀죠. 문자 그대로 '기술'인 거예요. 이유나 설명보다도 풀 수 있는지, '대단해!'라는 감탄이 나오는지가 중요했던 거죠."

다카타 선생님의 눈은 반짝반짝 빛났다.

"저는요, 개그 소재를 생각하다 보면 엄청 졸려요. 와, 정말 어떻게 이렇게까지 졸리지 싶을 정도로 졸려요. 그런데 수학 꼼수를 생각할 때는 점점 정신이 맑아져요. 너무 재미있어서 어쩔 줄을 모르겠어요. 아주 그냥 푹 빠진다니까요."

학생을 위해 생각하기 시작한 꼼수지만, 이걸 생각하는 시간이 정말 좋다는 다카타 선생님.

"에도시대에는 수식으로 말장난하는 것도 유행했대요. 의산수가(擬算数歌)라고 하는데, 말장난이기도 하고 계산 놀이기도 하죠. 그런 소재는 무대에서 하면 반응이 좋아서 저도 많이 만들었어요. 지금은 200개 정도 있으려나."

"그런 건 아예 처음부터 만들기는 꽤 어렵지 않나요?"

"그렇죠. 〈와이드 쇼〉 같은 걸 보면서도 이 수식으로 만들 수 있을까? 하는 생각을 해요. 말장난 같은 걸 구사하는 동안 말이 전부 숫자로 보이게 됐죠. 연예인 주변 정보 중에 숫자로 만들 수 있는 것, 생년월일이라든가 데뷔한 날 같은 것도 많이 찾아서 닥치는 대로 계산해 봐요. 소수점을 조금씩 내려 보거나 하는 식으로……. 계산 실력은 엄청나게 늘 거예요."

쓸데없다고 웃어넘길 수가 없었다. 이것에 학술 가치가 있다고 주장할 자신은 없다. 하지만 이건 대단하다. 흉내 내려 해도 불가능하니까.

오락과 수학.

대단해, 대단해, 하며 서로 대화하는 놀이와 심오한 진리를 추구하는 탐구.

그 둘은 언뜻 상관없어 보이지만 그 범상치 않은 집중력과 진지함에 어딘가 닮은 구석이 있다고 느끼게 되는 건 나뿐일까?

다카타 선생님이 갑자기 재미있는 이야기를 가르쳐 주었다.

"라마누잔Srinivasa Ramanujan이라는 수학자가 있는데요, 그 사람은 전문적인 수학 교육을 전혀 받지 않았어요. 열다섯 살에 《순수 수학 요람》이라는 수학 공식을 모아 둔 책에 완전히 빠져 버렸죠. '이 수식, 아름다워!'라며 그저 바라봤다고 해요. 제대로 이해하지 못하지만 직감적으로 이 식은 아름답다고 느꼈다는 거예요. 그리고 자신이 생각해 낸 아름답다고 생각한 식을 3000개 정도 노트에 기록해요. 그런데 그 식을 증명도 못 하고 아무것도 할 수가 없는 거예요. 그래서 그 '라마누잔 노트'를 영국의 대학에 보냈어요."

물론 대부분은 들춰 보지도 않았다고 한다. 아마추어가 대충 쓴 수식 따위 검증할 가치가 없다는 이유였다.

"그런데 하디라는 수학자가 알아본 거죠. '우와, 이건 진짜다'라고. 그 수학자가 라마누잔 노트에 쓰인 수식을 검증하기 시작하자 모두 수학적으로 맞는 거예요."

"그런 일이 가능한가요?"

너무 신비로운 이야기다.

"아직 검증 중인 것도 있지만 대부분 맞는다는 것이 검증되었어요. 몇 년 전에 물리학에서 나온 초끈이론이라는 최첨단 이론 중에도 이 라마누잔이 생각해 낸 수식이 있었다고 해요. 초끈이론은 최신 기술에 의해 관측된 결과 나온 것이니 당시의 라마누잔이 그걸 알 리는 없죠. 그래도 그는 아름답다는 이유만으로 그걸 적었던 거예요."

지바 하야토 선생님이 수학적 감각이란 미적 감각의 일종이라고 말한 것이 떠오른다.

"정말로 아름답다고 생각하는 것을 바라보면서 오로지 그것만을 목표로 삼은 거죠. 감도를 높여서 그 수식을 믿는 힘을 갈고닦은 끝에는 어떤 진리가 있을까, 하면서요."

다카타 선생님은 잠시 허공을 바라보고 생각에 잠긴 후, 조금 부끄러워하더니 말을 이어 나갔다.

"최첨단 수학 같은 건 당연히 아니지만 그래도 제가 팔 수 있는 부분을 파고들다 보면 '아, 여기다, 여기가 일단 하나의 진리구나'라고 생각되는 순간이 와요. 수식 말장난에서도 가끔 이 이상은 없다는 생각이 들 정도로 완벽한 것이 만들어질 때가 있죠. 그럴 때는 그만 닭살이 돋아 버린다니까요."

뭐가 진리고 뭐가 궁극인지는 결국 그곳에 들어간 사람이 아니면 알 수 없으리라. 그 가치 또한 싸잡아서 결정할 수 있는 것이 아니다. 그렇다면 어떤 방식이든 상관없다.

넋 놓고 빠져들어서 즐긴 사람이 승자 아닐까?

내 수학을 들어 줘

다카타 선생님은 고민했다.

"저, 그다지 선생이라는 직업에 맞지 않는 것 같아요."

"그래요? 수학을 잘 못하는 학생들도 끝까지 포기하지 않는 선생님이라면 학생 입장에서는 기쁠 것 같은데……."

"아뇨. 학생의 학력을 높이는 사람이 좋은 선생이라고 한다면 저는 그런 선생은 아닌 것 같아요. 꼼수 같은 것도 말이죠, 실은 학생이 창의적으로 고민해서 스스로 만들어 내는 게 가장 좋아요."

다카타 선생님은 시행착오 끝에 빚어낸 꼼수가 가득 실리고 아내가 그린 그림이 가득한, 한눈에 봐도 재미있을 것 같은 인쇄물을 흘깃 보았다.

"저는 문제 푸는 방법을 엄청나게 연구해서 가르쳐요. 한편 옆 교실에는 교과서대로 수업하는 선생님이 계시죠. 그래서 같은 시험을 보면 교과서대로 배운 반 평균이 더 높은 경우가 왕왕 있어요."

다카타 선생님은 약간 아쉬운 듯했다.

"헉, 그래요?"

"네. 아마도 저의 이 '꼼수' 해법은 극적으로 풀리는 기분이 들게 하는 것 같아요. 하지만 그걸로 만족해 버려서 학생들이 학습에 게을러지는 게 아닐까 싶어요. 원인을 찾기 위해 수업에 대해 설문 조사를 했어요. 이해가 잘 안 되는 부분이 있었는지 등을 물었는데, 대부분 학생이 점수가 나빴던 이유를 '스스로 공부하지 않은 탓'이라고 답했어요."

그렇다. 쉽게 외우기 위한 노래나 마법 같은 꼼수는 흥미를 확 끌기는 하지만, 수학을 공부가 아닌 놀이로 받아들이게 만들어 스스로 진지하게 공부할 기회를 빼앗을 수도 있는 것이다.

"어떤 선생님이 반을 맡았더니 엄청나게 평균이 올랐는데, 그 선생님이 빠지자 점수가 낮아졌다고 치죠. 그럼 그 선생님이 좋은 선생님인 걸까요? 그건 아닐지도 몰라요. 반을 떠나더라도 아이들의 성적을 떨어뜨리지 않는 선생님이야말로 좋은 선생님이 아닐까요? 그런 선생님은 공부 습관을 들여 주는 분일 거예요. 재미없고 엄격한 선생님일 수도 있겠죠. 저의 행동 원리는 역시 학생을 즐겁게 해 주고 싶어, 웃게 하고 싶어, 즉 내 개그가 먹혔으면 좋겠어, 같은 거예요. 그러니 정말로 좋은 교사는 아니라는 생각을 해요. 적성에 맞고 안 맞고는 영역의 문제라고 생각하지만요."

개그맨 경험을 살려서 도달한 곳도 있는가 하면, 그래서 오히려 다다르지 못한 곳도 있다. 세상은 참 어렵다.

그러면 개그맨 쪽은 어떨까. 수학 이야기를 우스꽝스럽게 다루는 개그를 시작한 결과 '로맨틱 수학 나이트' 사회 일이 들어오기도 하고 개그맨 관점에서 수학을 푸는 책을 집필하기도 했다. 다카타 선생님이 활약할 수 있는 분야가 꾸준히 넓어진 셈이다.

"그래도 저는 어중간해요. 그래서 아마도 개그 하나로는 좀처럼 성공하지 못했던 것이라고 생각하지만요."

"어중간하다뇨?"

"세상에는 정말로 온종일 개그만 생각하는 사람이 있어요.

좀 거친 표현이지만, 약간 병적인 사람이죠. 그럴 필요가 없는 자리에서조차 계속 보케 역할을 한다든가, 츳코미(2인 만담에서 면박을 주는 역할을 츳코미, 면박을 받으며 엉뚱하고 바보 같은 모습을 보이는 쪽을 보케라 한다—옮긴이)를 한다든가 하는 식으로요."

다카타 선생님은 몸을 앞으로 기울여 이쪽을 노려보며 마치 잽 타이밍을 노리는 복서처럼 미묘하게 몸을 흔들어 보였다.

"언제 찬물을 끼얹을까? 언제 망쳐 놓을까? 이런 생각을 하며 사람들의 이야기를 들어요. 계속 말이죠. 그래서 거의 사회 부적응자인지도 몰라요. 하지만 개그맨 세계에서 성공하는 쪽은 역시 그런 사람들이에요. 저는 거기까지 갈 수 없었어요. 어중간한 거죠."

개그와 수학. 어느 세계든 부족한 부분이 있었다.

"하지만 개그맨과 교사, 개그와 수학, 따로따로 하는 것처럼 생각하지만 제 안에서는 그렇지 않아요. 둘 다 저에게는 본업이랄까, 삶의 방식이랄까……. 수학이라면 아름답다, 개그라면 웃긴다, 그런 자신의 감성에 따라 계속 행동을 선택하죠. 단지 그것뿐이에요."

둘 사이에서 갈등하며 다카타 선생님은 그래도 자신이 무엇을 할 수 있는지 시행착오를 이어 왔다. 어중간하지 않은, 유일무이가 되기 위해.

“그래서 모두가 제 수학을 들어 주었으면 해요. 제가 수학에 관해 이야기하는 것을 들어 주었으면 하는 거죠. 수학을 싫어하는 사람도 ‘아, 수학 재미있는걸’이라고 생각하게 만들 자신은 있으니까요.”

다카타 선생님은 그렇게 말하고는 웃어 보였다.

인터뷰를 마치고 계단을 내려와 현관으로 향한던 중에 문득 떠오른 질문을 던져 보았다.

“그러고 보니 아까 말씀 중에 나온 중학생 때 친구분은 지금 뭐 하고 계세요?”

“아, 그게 말이죠. 요전번에 TV를 보고 있는데 대학이나 연구실을 방문하는 프로그램을 하더라고요. 어떤 연구 시설이 나왔어요. 세계 각국의 우수한 학자가 모여서 시설 내의 온갖 곳에 화이트보드를 설치해 놓고 낮이든 밤이든 논의한다는 내용이었는데…….”

“앗, 혹시 그거…….”

“맞아요. 뭔가 익숙한 이야기네 싶어서 봤더니 거기에 그 친구가 있었어요!”

그 순간 내 머릿속에 이미지가 스쳤다.

‘로맨틱 수학 나이트’의 사회를 보면서 휴식 시간에 부스에서 수학 팬과 대화를 나누는 다카타 선생님의 모습. 수식으로 만든 말장난이나 자신이 고안해 낸 꼼수를 선보이며 서로 이야기를 나누는 모습. 즐거운 듯한 웃음소리.

다카타 선생님은 개그와 수학, 두 길을 왔다 갔다 하면서 '수학으로 즐기는' 길을 개척해 온 것이 아닐까?

연구소에서 화이트보드를 앞에 두고 수학자들과 논의하는 것과는 전혀 다른 길이다. 하지만 사람은 각자 자신의 길을 걷는 법이다. 길의 가치를 결정하는 이는, 자기 자신이다.

7
[이렇게까지 좋아질 줄은 몰랐다]

마쓰나카 히로키(수학교실 강사) I 제타형님(중학생)

로맨틱 수학 나이트의 열기를 맛보고 다카타 선생님의 이야기를 듣는 동안 나는 점점 수학과 인간이 어떻게 교류하는지 알 수 없게 되었다.

지금까지는 막연히 수학을 좋아하는 사람이 극히 일부 존재하고, 그런 사람이 수학자가 되어 일생을 수학에 바치는 것이라고 생각했다. 과연 그럴까? 우선 수학을 좋아하는 사람은 극히 일부이기는커녕 많이 있다. 적어도 이벤트가 대성황을 이룰 정도로는 존재한다. 그리고 그들이 모두 수학자가 되어 있느냐 하면 그렇지도 않다. 하지만 그렇다고 수학을 그저 취미로만 생각하는 것도 아니다. 수학교실의 호리구치 씨나 개그맨 다카타 선생님처럼 자신의 삶 깊숙한 곳에 수학이 뿌리내린 채 하루하루 살아가는 사람들이 있다.

"대체 매일 어떤 일상을 보낼까요?"

나와 소데야마 씨는 꼬치구이를 먹으면서 상상해 봤다.

"왠지 피곤할 것 같지 않아요? 수학이 항상 곁에 있다니. 수학이란 건 무척 엄밀하고 제대로 된 학문이잖아요."

"아, 그렇겠네요……."

소데야마 씨도 맞장구친다.

"신경질적인 아내와 항상 함께 있는 것처럼?"

"맞아요. 적당한 선에서 타협하는 일이 불가능하지 않을까요? 약속 시간에 1분이라도 늦으면 용서를 못 한다든가."

"하지만 지금까지 만나 온 분들은 그런 느낌은 아니었는데요."

그렇다. 실제로는 어떨까? '수학과 결혼했다'고 서슴지 않고 공언하는 이에게 이야기를 들어 보기로 했다.

이건 연애 같은 것인지도 모른다

"어디까지나 비유입니다. 딱히 여성에게 흥미가 없다는 건 아니에요."

마쓰나카 히로키 씨는 부끄럽다는 듯이 웃으며 다정해 보이는 눈꼬리를 내렸다.

"중학교 때, 내가 수학을 좀 잘하는 편이라는 생각이 들었어요. 그러다가 고등학교 때 좋아졌죠. 대학에 들어가서는 사랑하기 시작했어요. 그리고 사회인이 되고 나서는 결국 결혼했다는 느낌이에요."

"조금씩 단계를 밟은 거네요."

"네. 고등학교까지는 시험에서 점수를 잘 딴다는 이유로 좋아했어요. 하지만 대학에 들어가면서부터는 바뀌었죠. 저는 공학부 정보학과였는데, 수학이 좋아서 오로지 수학만 공부했어요. 그건 정말 사랑이었어요."

마쓰나카 씨는 교토대학 대학원을 졸업한 후 대형 전기제조업체에 입사했다. 시스템엔지니어로서 탄탄대로를 걸었지만 수학에 대한 애정 하나로 '어른을 위한 수학교실: 나고미' 강사가 되기로 결심했다. 로맨틱 수학 나이트 접수대에서 우리에게 수학 문제를 건네준 이가 바로 마쓰나카 씨였다.

"이전 직장에서는 7년 정도 일했어요. 음, 제 입으로 말하기는 그렇지만 차기 리더 포지션에서 일했죠."

"그런데 그만두신 건가요? 회사에서 붙잡지는 않았나요?"

"제가 수학을 좋아한다는 건 회사에서 모르는 사람이 없었어요. 상대가 수학이라면 어쩔 수 없지…… 하는 느낌이었달까요? 고마움과 죄송함이 섞인 기분으로 이직했습니다."

"연봉도 낮아지지 않았나요?"

"그거야 뭐. 하지만 번 돈으로 뭘 하고 싶냐고 한다면 결국 수학이에요. 그렇다면 어떻게 생각해도 수학을 직업으로 삼는 편이 좋잖아요? 그 외에는 정말로 흥미가 없어서요."

"그럼 망설이거나 하지는……."

"결단하기까지 한 치의 망설임도 없었어요. 수학이 너무 좋았으니까요."

자신의 인생을 수학에 바치기로 한 것이다. 수학과 결혼했다는 표현이 확 와닿았다.

"그래도 중학교 때를 생각하면 설마 이렇게까지 좋아질 줄은 상상도 못 했어요. 역시 이건 연애 같은 건지도 몰라요, 정말로."

줄곧 곁에 있던 어린 시절 소꿉친구 같다. 마쓰나카 씨가 머리를 긁적이는 모습을 보고 나는 멋대로 그런 생각을 했다.

"어떤 점이 그렇게 매력적인가요?"

"역시 고등학교 수학과 대학 수학은 완전히 달라요. 가령 교과서나 책을 읽다 보면 이런 것과 맞닥뜨리죠."

수학교실의 벽은 전면이 화이트보드였다. 마쓰나카 씨는 익숙하다는 듯이 마커 뚜껑을 열더니 슥슥 수식을 써 나갔다.

$$1+1/4+1/9+1/16+1/25+1/36+\cdots\cdots$$

"분수 계산이네요."

"맞아요. 이걸 계속 이어 가다 보면 이렇게 돼요."

마쓰나카 씨는 '……' 앞에 등호를 그리더니 답을 적었다.

$$= \pi^2/6$$

"어, 어떻게……."

나도 모르게 소리가 새어 나왔다. 마쓰나카 씨가 돌아보았다.

"그렇죠? 이상하죠? 이런 곳에서 원주율 π가 나온다니까요. 분수의 계산에 원 따위는 상관없을 텐데 말예요. 왜 이렇게 되는지는 삼각함수를 이용해 증명할 수 있어요. 신기하죠? 대학 수학에서는 이런 걸 생생히 목도하게 된답니다."

"분수 계산의 뿌리에 왠지 몰라도 원주율이 숨어 있다는 말씀이네요."

"맞아요. 그리고 이 배후에는 제타 함수라는 개념이 숨어 있어요."

등골이 오싹했다.

한 버섯 연구가의 이야기가 떠오른다. 산기슭부터 정상까지 이곳저곳의 흙을 파서 그 안에 포함된 균사를 모아 분석한 결과 DNA가 모두 일치했다고 한다. 즉 하나의 버섯이 산속을 모조리 덮고 있던 것이다. 표면을 보고 대충 이해하고 있던 세계에 실은 엄청나게 거대한 것이 숨겨져 있었다.

"한도 끝도 없네요."

"구로카와 선생님이나 가토 선생님이라면 제타까지 여유롭게 이해하실 거예요. 저는 그곳까지는 도달하지 못했어요. 그래도 다음 세계가 기다린다는 것은 기쁜 일이죠."

마쓰나카 씨는 얼굴에 홍조를 띠며 말을 이어 갔다.

"게다가 말이죠, 수학은 다른 취미와 다르게 집에서도 즐길 수 있어요. 언제 어디서든 맛볼 수 있죠."

일부러 균사를 채취하러 산속을 헤맬 필요가 없는 것이다.

"고작 수학 관련 책을 사는 돈이 필요한 정도죠. 그래도 한 권으로 즐길 수 있는 시간을 생각하면 그다지 비싸지도 않아요. 그런 점이 무척 큰 장점이라고 생각해요."

현재 마쓰나카 씨의 집에는 300권 정도의 수학 관련서가 있다고 한다.

"일생을 심심하지 않게 보내시겠네요."

"아뇨. **이, 삼생** 정도는 괜찮을 것 같아요."

어떤 수준이라도 즐길 수 있고, 어렵다

"그럼 구체적으로는 그저 수학 서적을 읽고 즐기는 느낌인가요?"

"그렇죠. 이미 누군가 증명해 준 정리를 이해하는 일을 반복하는 거죠."

"스스로 새로운 수학을 만든다거나, 그런 수학자 같은 방향으로 가지는 않으시나요?"

으음, 하는 소리를 내더니 마쓰나카 씨는 답했다.

"역시 스스로 정리를 만들고는 싶고, 수학자가 되고 싶긴

해요. 하지만 수학자는 젊은 머리여야만 해요. 실제로 젊은 나이에 연구 성과를 올린 다음 교육으로 선회하는 경우가 많다고 해요. 그리고 아마도 말이죠, 수학의 정리를 만드는 일은 노력한다고 해서 되는 게 아니라 타고나야 한다고 생각해요."

담담한 말투였다.

"저는 이른바 '수학광'이거든요. 그래서 어떤 지점에서 '수학은 이제 됐어'라고 선을 그어야만 했어요. 능력이 그렇게 뛰어나지는 않았으니까요. 수학자도 노력은 하겠지만 타고나는 면이 더 크다고, 저는 생각해요. 잘하는 사람은 이미 어릴 때부터 잘하거든요. '제타형님'이라고 있잖아요. 그 친구는 이미 '초(超)'가 몇 개나 붙을 정도로 천재라고 생각해요."

—제타형님이라는 닉네임을 가진 친구 아시나요? 그 친구 정말 대단해요.

'나고미'를 운영하는 호리구치 씨로부터 그런 이야기를 들은 적이 있다. 제타 함수라는 수학의 한 분야에 문득 흥미를 느끼고 독학으로 공부를 시작해, 순식간에 성인들에게 뒤지지 않는 수준까지 오른 친구라고 한다. 그 이해력과 성장 속도가 심상치 않은 것은 물론이고, 아직 중학생이라는 점이 무시무시하다.

"그 친구는 수학을 시작한 지 1, 2년 만에 저보다 훨씬 상위 수준에 올랐어요. 정말 자질 자체가 완전히 다르다고 생각해요."

"그것에 뭐랄까 질투라든가, 그런 감정을 느끼시나요?"

"아뇨, 전혀요. 그저 존경할 뿐이에요."

시원한 대답이었다. 갈등을 겪은 후 지금은 깨달음의 경지에 이르렀다든가, 그런 것도 아닌 듯했다.

"수학은 어떤 수준에서든 즐길 수 있거든요. 저는 저 나름대로 무척 수학을 즐기고 있어요."

"어떤 수준에서든 즐길 수 있나요?"

"그럼요. 산수 수준인 사람은 산수 책을 풀면서 재미를 느끼고, 고등학교 수준은 입시 문제를 풀면서 재미있어 해요. 저는 딱 대학 정도 수준이죠. 대학교수라면 엄청 어려운 정리를 만들어 내면서 즐긴다고 생각해요."

누군가가 이기면 누군가가 지는, 그런 세계가 아니다.

"심지어 어떤 수준이라도 어려워하는 게 수학이라고 생각해요. 모두 각각의 수준에서 '어려워', '수학은 잘 모르겠어'라고 생각할 거예요. '수학 까짓것!'이라고 말하는 사람이 있다면, 그 사람은 아마도 뭘 잘 모르는 걸 거예요. 어떤 의미에서 모두 같은 토대에 서 있는 거죠."

"그 어려움이라든가 잘 모르겠다든가, 그런 게 싫지 않으신가요?"

"안 싫어요. 전혀요."

마쓰나카 씨는 무척 진지한 얼굴로 고개를 가로저었다.

"몇 번 벽에 부딪혀서 튕기면, 왠지 또다시 도전하고 싶어져요. 애착 같은 게 아닐까요? 좋아하는 거죠. 사랑이에요."

"수학과는, 아마도 이혼은 안 할 것 같아요"라고 말하며 만족한 듯 미소 짓는 마쓰나카 씨를 보고 있자니 왠지 나까지 행복해지는 기분이 들어서 "오래오래 행복하세요"라고 말하고 싶을 정도였다.

"그런데 수학은 너무 미움받는 것 같지 않아요?"

마쓰나카 씨는 서운하다는 듯이 고개를 떨궜다.

"저는 음악이나 미술과 마찬가지로 수학이 취미 중 하나로 다뤄져도 좋다고 생각해요. 딱히 미술에 대해 잘 알지는 못해도 길거리에서 훌륭한 그림을 보면 마음이 놓이잖아요. 그런 느낌으로 수식을 봤을 때 '아, 좋네' 정도로 마음 한편에 수학을 살게 해 줬으면 해요. 제 목표는 그런 거예요."

"확실히 수학이라는 말만 들어도 질색하는 사람이 많기는 하죠……."

"완전히 무시하거나 거부하려는 사람이 있어요. 그게 정말로 슬퍼요. 아예 이야기조차 들어 주지 않으니까요."

수식 알레르기가 있는 소데야마 편집자가 약간 민망한 표정을 짓고 있다.

"수학의 꽃밭이 있다고 치면 저는 이쪽, 꽃밭 쪽에 있어요. 하지만 큰 바위가 있어서 건너편 사람에게는 꽃이 안 보이는 거예요. 보이지 않는다는 이유로 누구도 이쪽 세계를 보려 하지 않죠. 그래서 저는 이 바위를 치워 주고 싶어요. 이쪽으로 오라고는 못 하지만, 적어도 꽃밭이 보이게는 해 주고 싶어요."

"꽃밭, 저도 보고 싶어요. 볼 수 있는 거라면요."

불쑥 몸을 앞으로 내미는 소데야마 씨. 그렇다. 그녀라고 해서 그저 수학을 혐오하는 것만은 아니다. 그저 실마리를 찾지 못한 채 오늘에 이르렀을 뿐이다.

마쓰나카 씨는 고개를 끄덕이며 "그렇다면……" 하고는 하나의 수학 이야기를 해 주었다.

"정규수라고 아시나요?"

소데야마 씨는 눈을 깜빡이면서 고개를 가로저었다.

"한 숫자열 내에서 길이가 같은 수열이 나타날 확률은 저마다 같다는 개념이에요. 이렇게 말해도 어려우니까 예를 들어 설명할게요. 가령 이런 숫자열, 0.2357111317…… 이건 소수를 순서대로 무한히 늘어놓은 것인데, 정규수라고 증명이 되었어요."

어렵게 앞으로 나왔는데 조금씩 물러나는 소데야마 씨. 그

녀를 붙잡듯 마쓰나카 씨는 이어 말했다.

"임의의 숫자 열이 존재한다는 건 말이죠, 소데야마 씨의 전화번호가 이 안에 반드시 있다는 뜻이에요."

"네?"

"니노미야 씨의 전화번호도, 제 전화번호도 반드시 있어요. 소데야마 씨, 니노미야 씨, 제 전화번호를 순서대로 이어 놓은 번호도 있고요. 이 숫자열의 어딘가, 훨씬 나중일지도 모르지만 일단은 반드시 존재해요."

"대단해요!"

"그뿐 아니에요. 어떤 수열이든 있어요. 문자 코드라고 아세요? 문자를 수치로 표현하는 방법이에요. 가령 '아'는 '00', '이'는 '01'처럼 문자와 숫자를 대응시키는 거죠. 이렇게 하면 어떤 문장이든 수열로 표현할 수 있어요. 디지털 데이터로써 처리할 수 있지요. 우리가 메일로 주고받는 문장이나 텍스트 파일 같은 건 문자 코드 덩어리예요."

"네? 잠깐만요. 문장이 수열이라는 건……."

"아까 정규수 안에는 어떤 수열이든 있다고 말했잖아요. 즉 어떤 문장이든 수열로서 이 안에 존재하는 거죠. 셰익스피어의 작품도, 침팬지가 대충 키보드를 두드린 문자열도, 인간의 역사를 전부 쓴 서적도, 누군가의 비밀 일기도 이 수열 어딘가에 반드시 있어요. 아무리 긴 것이라도요. 그것이 증명되었죠. 대단하지 않나요? 소수와 무한은 정말 대단해요."

나와 소데야마 씨는 서로 마주 본다.

"이 인터뷰를 토대로 앞으로 쓸 원고도……."

"이미 있다는 거죠."

소데야마 씨는 벌떡 일어나더니 손뼉을 쳤다.

"대단해요. 보여요! 꽃밭."

"재미있죠? 이 꽃밭에 발을 들이면 꽤 깊어서 빠져 버리기 쉬우니 위험할 수도 있어요. 들어오고 싶다면 본인이 책임지고 들어오세요. 그렇다고 강요하는 건 아니니까요."

그렇게 말하더니 마쓰나카 씨는 온화한 표정으로 꽃밭 안에서 이쪽을 바라보았다.

악보를 못 읽어도 피아노는 칠 수 있다

수학과 긴 시간을 들여 관계를 키우며 결국 인생을 함께 걷는 결의를 한 것이 마쓰나카 씨라면, 제타형님은 청춘의 한가운데에 있다. 그는 수학과 이제 갓 만났다.

"시기적으로 말하자면 2016년 7월 정도일까요, 같은 반에 수학 올림픽을 준비하는 친구가 있었어요. 그 친구와 이야기하는 동안 수학이라는 게 꽤 재미있어 보여서 인터넷으로 검색해 봤어요. 그때 제타 함수에 관해 쓰인 블로그를 발견했죠. 흥미가 일어서 읽기 시작하다가 지금까지 이어졌어요."

겐토샤 회의실에서 만난 제타형님은 아직 중학교 2학년 학생이라고는 생각할 수 없는 무척 어른스러운 말투로 말했다. 밖은 아직 춥지만 봄기운 어린 햇살이 이따금 비쳐드는 가운데, 약간 긴 검은 머리칼 사이로 총명한 눈동자가 나를 바라보았다.

"가령 대학 수학을 한다면 선형대수라든가, 위상과 집합 같은 기본적인 분야를 하고 나서 어려운 과제에 도전하는 게 보통이라고 생각해요. 하지만 저는 정말로 재미있다고 여긴 부분만 수학해 가는 느낌으로 하고 있어요."

"기초를 다진 후에 하는 방식이 아니네요. 그러면 중간에 잘 모르는 부분이 나오지 않나요?"

"그게 말이죠, 제 방식에 딱 맞는 책이 있었어요. 인터넷으로 블로그를 닥치는 대로 훑을 무렵 처음으로 부모님이 사주신 《제타의 모험과 진화》라는 책이에요."

제타형님은 가방에서 책을 꺼내어 보여 주었다. 이 연재 가장 처음에 만난 구로카와 노부시게 선생님의 책이었다.

"구로카와 선생님이 쓰신 책은 대체로 술술 읽혀서 이해가 잘돼요. 꽤 알기 쉽게 쓰여 있어요."

제타형님이 고개를 숙이자 가볍게 머리칼이 흩날렸다.

"저는 이 책, 지금도 주기적으로 다시 읽곤 해요. 제타 함수라는 것이 현대 수학에는 널리 쓰이고 있는데, 그것을 망

라해 자세히 쓰인 책이에요. 그래서 제 공부가 지금 어느 정도까지 진전되었는지 파악하고 목표를 세울 수 있죠."

좋은 책과의 만남이 큰 영향을 미쳤던 모양이다. 그러나 이 책, 나도 사 보았다. 확실히 수학서로서는 이해하기 쉽게 쓰인 편이라고 생각하지만, 그래도 술술 읽힐 정도는 아니었다.

제타형님은 역시 특별한 무언가를 가지고 있는 것일까?

"수학을 만나기까지는 어떻게 지내셨나요?"

"음, 그러게요. 뭘 했을까요?"

제타형님은 고개를 갸웃했다.

"저도 잘 모르겠어요. 딱히 중학교 1학년 1학기 때 수학을 그렇게 잘하는 편도 아니었고요. 산수도 그렇게 뛰어나지 못했어요."

"취미는 있나요?"

"피아노나 겐다마(망치 모양 자루에 끈으로 연결된 나무 공을 얹으며 노는 전통 놀이도구—옮긴이) 정도? 겐다마는 4단 정도예요."

"어릴 때부터 피아노 학원에 다녔나요?"

"아니요. 학원을 간 적은 있는데 사흘 만에 그만뒀어요."

"그럼 배우지 않았는데 칠 수 있는 건가요?"

"그렇죠. 잘 모르지만 어떻게든 치기는 해요. 그래서 악보도 못 읽어요."

"어떤 식으로 치나요?"

"제가 좋아하는 곡을 쳐요. 학교 점심시간 같은 때에."

대수롭지 않게 말하는 제타형님. 요컨대 들은 곡을 그대로 건반 위에서 재생할 수 있다고 한다. 악보라든가 음악 이론 같은 기초를 모조리 건너뛰고 핵심에 들어가 있는 것이다.

"피아노 학원을 그만둔 이유도 의자에 앉는 법이라든가, 손 모양은 달걀 쥐듯이 하라든가 그런 게 좀……."

"싫었군요."

"네. 겐다마도 그랬죠. 무릎을 구부리는 게 싫었어요. 무릎을 구부리는 게 엄청 중요하다고들 하지만요."

제타형님은 모두 자기 방식대로 하고 싶은 모양이다. 그러나 수학과 마찬가지로 기초를 건너뛰어도 그는 넘어지지 않는다. 곧바로 높이 뛰지 못하는 사람을 위해 계단이 마련되어 있지만, 그의 능력에서는 계단을 한 단씩 올라가는 것은 번거로운 일에 지나지 않는 듯했다.

"그럼 지금 학교에서 배우는 수학은 어때요?"

"학교에서 배우는 수학은 어떤 의미에서는 기초 중의 기초잖아요. 그래서 정말로 재미가 없달까."

"시험 점수는 좋은가요?"

"아뇨, 그다지……."

현대 수학의 최첨단 중 하나인 제타 함수를 혼자서 열심히 공부하는 그가 학교 시험에서 점수를 못 따다니.

제타형님은 중얼거리듯 말했다.

"최근에는 학교란 왜 가는 걸까 하는 생각을 해요. 딱히 학문에 흥미가 없는 건 아니에요. 그런데 뭐랄까……. 뭐가 뭔지 잘 모르겠어요."

만물은 수학, 수학은 만물

"최근에는 다양한 분야에 흥미가 넘쳐서 시간이 모자라는 것이 힘들어요. 수면 시간도 두 시간 정도고요."

제타형님이 몰두하고 있는 분야는 수학만이 아니라고 한다.

"물리에도 흥미가 있고, 최근에는 언어 공부도 시작했어요. 최종적으로는 수학이 하고 싶기는 하지만 잘 모르겠어요."

오늘도 어학책을 가지고 와서 보여 주었다.

"이건 노르웨이어로 쓰인 라틴어 책인데, 헌책방에서 보고 저도 모르게 샀어요. 처음에는 수학 논문을 읽기 위해 영어를 공부하기 시작했어요. 그런데 수학 논문은 영어만이 아니라 다양한 언어로 쓰여 있기에 프랑스어나 독일어도 하게 되었죠. 작년 10월 정도인가부터는 갑자기 핀란드어에 흥미가 생겼어요."

"핀란드어? 왜요?"

"왠지 소리가 귀여워요."

제타형님은 진지한 얼굴을 무너뜨리지 않고 말했다.

"가령 '소년'은 핀란드어로 '포이카'라고 해요."

아, 확실히 약간 귀엽다.

"무척 아름다운 음성을 지닌 언어예요. 그 배경에 있는 언어학적인 내용도 재미있고요. 같은 북유럽이라도 스웨덴어라든가 노르웨이어, 덴마크어는 서로 닮았는데 핀란드어는 그들과 어족이 다르죠."

처음에는 논문을 읽기 위해서라는 실용적인 목적이 있었지만, 지금은 정말로 즐거워서 하고 있다고 한다.

"제타 함수와도 닮은 부분이 있어요. 수학의 다른 분야에서 닮은 제타 함수로, 닮은 정리를, 닮은 방법으로 증명할 수 있어요. 그런 유사성이 저는 꽤 좋아요. 가령 북유럽 언어의 배경에는 고대 노르드어가 있어요. 비슷한 언어들의 배후에는 그런 통일적인, 근원이 되는 것이 있곤 해요. 그것은 제타도 마찬가지랄까. 아니, 그게 또 제타인지도 모르죠."

마쓰나카 씨의 이야기가 떠오른다.

—이런 곳에 π가 나오다니, 신기하지 않나요?

제타형님도 이와 비슷한 감각을 느끼는 듯하다.

"가능한 한 언어라는 존재 자체를 잊고 외국어를 대한다는 마음가짐이에요. 한번 일본어를 경유해서 고치거나 번역하면 시간이 걸리니까요."

그는 노도처럼 말을 이어 갔다.

"영어로 논문을 쓸 때 관사를 붙일까 말까, the를 붙일까 말까, 그런 문제로 곤란해하는 사람도 있다고 하는데 그런 건 전혀 본질적이지 않아요. 중요한 건 자신이 전하고 싶은 내용을 세세하게 구분 지어서, 수학적인 언어로 말하자면 비슷한 집합끼리 조합론적인 방법으로 재구성해서 상대에게 전하는 거죠. 문제는 어학 능력에 있는 게 아니라고 생각해요. 중요한 건 언어를 완전히 망각한 상태에서 표현하려는 논리 구조를 적절히 분석해서 정리하는 거예요."

음악의 본질이 악보에 없는 것과 마찬가지다. 언어의 본질 또한 관사나 문법에 있지 않다. 제타형님의 시선은 본질적인, 더욱 깊은 방향으로 향하고 있다. 그곳으로 직접 손을 뻗을 수 있기에 닿는 것이리라.

악보를 읽지 않고 피아노를 치고, 소리의 아름다움에 매료되어 핀란드어를 배우고, 기초를 뛰어넘어 제타 함수를 생각할 수 있다.

마쓰나카 씨는 제타형님의 재능을 칭찬했지만, 그가 일반인과 가장 다른 점은 한없이 안으로 빠져드는 순수함인지도 모른다.

그건 그렇고, 그의 이야기를 듣고 있으면 희한한 착각에 사로잡힌다.

수학의 깊숙한 쪽으로 손을 뻗어 가면, 본질적인 뭔가에 손이 닿을 것만 같다. 마쓰나카 씨를 포로로 삼았듯 사람을 매료시키는 무언가다.

문제는 그 본질적인 무언가가 언어와 음악에도 있으리라는 점이다.

'수학의 사고방식은 언어와 음악을 배우는 데도 도움이 된다.'

그런 표현으로 정리하고 싶어지는 대목이지만, 아무래도 제타형님이 말하고자 하는 바는 그보다 한 단계 더 나아간 듯하다.

기묘하지만, 이런 표현에 가까울까?

'언어도 음악도, 물론 수학조차도 수학이다.'

제타형님은 이런 말도 했다.

"미술 작품은 어떤 의미에서 옛날 사람들의 수학적 가설이 아닐까 생각해요. 그 시대에는 표현할 수 없었던 수학을 그러한 형태로 남긴 것이 아닐까 하고요. 뭐, 그 정도로 수학이라는 것은 넓은 언어가 아닐까요? 냉정하게 논리적으로 생각해 나가는 것이 수학이랄까? 사람에 따라 다르겠지만, 저는 그렇다고 생각해요."

그렇게 말한다면 우리는 모두 수학을 하는 셈이다. 일반적으로 사람이 하는 모든 행위는 수학적이라고 말하고 싶은 것일까?

"어쩌면 제타형님은 언어와 수학보다는 인간에 관해 공부하고 있는 걸까요?"

내 질문에 한순간 제타형님은 고개를 갸웃거렸지만 금세 답했다.

"아뇨. 하지만 그 또한, 인간도 결국 수학 아닐까요?"

'인간'보다도 '수학'이 더 큰 개념이라고 생각하는 사람이 존재한다는 사실에 나는 충격을 받았다.

"잘은 모르겠지만요."

약간 곤란하다는 듯 눈을 깜박이는 제타형님. 나는 숨을 삼켰다. 상대가 중학교 2학년 학생이라는 사실을 완전히 잊고 말았다. 아무래도 조금 성급히 결론지었는지도 모른다.

"지금은 뭔가 문제를 푼다든지 새로운 수학을 만든다든지 하는 것을 위해서가 아니라, 제 생각을 형성해 가는 수단의 하나로써 수학이나 언어를 공부하고 있는 느낌이에요."

그는 이제 막 수학과 함께 걸음마를 뗀 참이다.

답이 하나뿐이므로 강요할 수 없다

마쓰나카 씨와 제타형님, 두 사람과 이야기를 하며 나는 수학과 함께하는 생활도 꽤 재미있어 보인다는 생각을 했다.

수학과 숫자와 논리에 푹 절어 있는 무미건조한 일상을 상상했는데 그렇지도 않았다. 마쓰나카 씨는 수학을 미술이나 음악과 마찬가지로 간주했고, 제타형님도 언어와 그 토대에 있는 문화 등을 배우며 인간으로서 풍요롭고 윤택한 하루하루를 보내고 있다.

어떻게 그 둘이 양립할 수 있는 것일까? 그들을 보고 있노라면 그 차가운 수식 어딘가에 체온이 머무는 것처럼 느껴지는 이유는 뭘까? 나는 막연히 생각하면서 마쓰나카 씨와의 이야기를 떠올렸다.

"국어를 잘 못해요."

마쓰나카 씨는 미간을 찌푸리며 말했다.

"'이때 주인공의 기분을 설명하라'라는 문제가 나오잖아요. 근데 저는 사고방식은 저마다 다르다고 생각해요. 국어 선생님이 대학 입시 국어 시험에서 만점을 받느냐 하면 그렇지도 않잖아요. 그런 이유로 국어를 잘 못해요. 수학이라면 아마도 만점을 받겠죠."

"국어는 저자라도 답을 모르는 문제가 있다고 하잖아요."

"네, 그런 건 정말, 음…… 적응이 안 돼요. 정답이 어디 있는지 모르겠어요. 수학은 출발점을 여기로 하자고 확실히 정하니까, 제대로 논의하면 어디가 올바른지 알 수 있어요. 그 점이 좋아요."

확실히 답을 강요당하는 일은 싫은 법이다.

하지만 잠깐, 수학이야말로 답이 하나밖에 없지 않은가. 그것도 유무를 말하지 못하게 하는 논리로 증명된 채 들이대곤 한다. 억지스러운 건 수학이든 국어든 마찬가지 아닌가?

그런 내 의문은 마쓰나카 씨와의 대화를 통해 사르르 녹아 없어졌다.

“수학의 아름다움은 어떤 건가요? 경치라든가, 그런 아름다움인가요?”

“경치라는 건 산이나 해, 지구가 만든 것이므로 수학은 그 한발 앞이라고 생각해요. 수학은 지구가 없어져도 남는 거라고 생각해요. 그런 보편적인 것이라고요. 그래서 신비로운 거죠. 산이나 해는 제대로 그곳에 존재하는데 수학의 실체는 어디에도 없어요. 이렇게 아름다운데, 대체 어디에 있는 걸까요? 뭔가를 종이에 쓰면 나타나기는 하지만요.”

“하지만 그건 인간의 고민, 그 안에 있을 뿐인 것 아닐까요? 그래서 전혀 다른 사고 체계를 지니는 외계인에게는 수학이 안 통할지도 모르고요.”

약간 짓궂은 말을 던져 보았다. 신화에 모순을 제기당하기라도 한 듯, 순간 마쓰나카 씨는 풀이 죽었다.

“음…… 그 부분은 어렵네요. 외계인에게는 피타고라스 정리가 성립하지 않을 수도 있겠죠. 그건 확실히 조금 무섭네요."

하지만 곧장 반짝반짝 빛나는 눈빛으로 나를 쳐다본다.

"그래도 그렇게 되면, 그때는 또 왜 그게 성립하지 않는지 생각할 수 있을 거예요. 외계인과는 애초에 근본적 진리가 다르기 때문이라든가……. 네, 수학은 여전히 즐길 수 있다고 생각해요."

아, 그렇구나.

다양한 정보가 내 안에서 하나로 이어졌다.

수학의 답이 하나인 것은 다른 사람에게 강요하기 위해서가 아니다. 가치관이 다른 존재끼리 그래도 뭔가 하나, 공통적인 답을 발견하기 위해 고안해 낸 기법이 수학이기 때문이다.

우리는 모두 구별된 존재다. 제타형님도 마쓰나카 씨도 나도, 가치관도 능력도 전혀 다르다. 때로는 외계인과 마찬가지로 거리감이 있을지도 모른다. 하지만 사실을 관찰하는 것이 아니라 정면으로 받아들이고, 그러면 그런 인간끼리 손을 맞잡기 위해서는 어떻게 하면 좋을지 생각한 사람이 수학자였던 것은 아닐까?

그리고 규칙이 만들어지고 표현하기 위한 수식이 탄생했다. 사실 하나하나를 쌓아 올려서 진지하게 마음과 마음 사이에 논리의 다리를 구축했다.

애초에 수학의 본질이 깊이 생각하는 거라고 한다면 수식 따위는 필요가 없다. 제타형님에게 악보가 필요 없듯이. 그래도 수식이 이 세상에 존재하는 이유는 단 한 가지, 누군가와 서로 이해하고 나누기 위해서다.

차가운 거절을 가득 품은 듯한 그 수식은, 실은 우리에게 내민 손이었는지도 모른다.

꽃밭을 발견한 천재들이 내민 손.

아름다운 수학자들 2

8
[수학이 싫어질 리 없다, 바로 나 그 자체니까]

쓰다 이치로(주부대학 교수)

로맨틱 수학 나이트를 계기로 나는 수학의 저변이 얼마나 넓은지 깨달았다. 수학은 다양한 사람에게 사랑받고 있으며, 그것을 자신의 인생 바로 곁에 두는 사람도 적지 않았다.

한편, 수학자란 참으로 특별한 존재임을 다시금 느꼈다.

되려고 마음먹는다고 될 수 있는 직업이 아니다. 호리구치 씨도, 다카타 선생님도, 마쓰나카 씨도 다른 길을 찾았다. 수학에 관해 알면 알수록 그 대단함이 보인다.

우리는 수학자를 만나는 여행을 재개했다. 지금이라면 그들을 조금 더 깊이 이해할 수 있을지도 모른다.

수학자는 등을 보면 알 수 있다

"수학자는요, 걷는 뒷모습만 봐도 '아, 저 사람 수학자구나'

하고 알 수 있어요."

쓰다 이치로 선생님의 연구실에서는 시간이 온화하게 흐르는 듯한 기분이 든다. 주부대학 가스가이 캠퍼스는 숲으로 둘러싸인 고지대에 있는데, 그중에서도 이 연구동은 풍광이 좋아서 도시가 한눈에 내려다보였다. 연구실 안에는 책장이 죽 놓여 있다. 그렇게 넓지는 않지만 편안했다. 쓰다 선생님의 조용한 말투와도 관련이 없지 않으리라.

방과 후 도서실에서 사서 선생님과 이야기하는 듯한 기분으로, 나는 아버지뻘인 카오스이론 연구자 쓰다 선생님을 인터뷰했다.

"나고야대학에서 학회가 열려요. 수없이 많은 학자가 오는데, 수학회에 온 사람은 딱 알아봐요."

"몸짓 같은 걸 보고 판단하시는 건가요?"

"걸음걸이라든가, 가방을 멘 모양새 같은 걸 보면 알죠. 이렇게 가방을 제대로 양어깨에 메고 똑바로 걸어요. 목적지에 갈 거야, 하는 의지가 등에서 풍기죠. 나는 이런 목적으로 이 모퉁이를 돌아 이쪽으로 가서 대학에 들어간다든가, 중간에 잠깐 새더라도 그곳에 아름다운 꽃이 피어 있으니 그걸 보러 간다든가 하는 느낌이 나요. 저마다 아우라가 있달까, 명확해요."

"확고한 의사를 지니고 딴 길로 새는 거네요."

"맞아요. 물리학자는 안 그래요. 정처 없이 걷는 쪽에 가깝죠."

원래 물리학자 출신인 쓰다 선생님은 차이를 잘 알 수 있다고 한다.

"그리고 칠판 쓰는 법. 분필 집는 법, 글자를 쓸 때 획을 긋는 방법 등이 너무도 수학자다운 거죠. 수학회 같은 곳에서 우리 응용수학은 슬라이드를 사용하는 일도 많은데, 대수 세션 같은 곳을 보면 아직도 칠판에 빼곡히 적어서 증명해요. 그런 느낌은 물리에는 없어요."

"칠판을 그저 도구로써 사용하는 것과는 다른가요?"

"혼이 담겨 있어요. 칠판에 분필로 쓰는 행위와 사고하는 행위가 혼연일체를 이루죠. 뭔가가 씌어서 신내림을 받은 것처럼요. 그래서 보다 보면 그대로 칠판 속으로 사라져 버리는 거 아닌가 하는 인상을 받기도 해요."

쓰다 선생님은 온화하게 미소 지으며 말했다.

"보는 것만으로도 재미있어요, 내용은 잘 모르지만."

수학자라는 말에는 다양한 이미지가 따라다닌다. 별종, 모범생, 숫자를 이상하리만치 좋아함, 딱딱한 인상, 사람을 싫어함……. 물론 편견에 가까운 말들도 있겠지만, 그런 이미지는 과연 어디서 나오는 것일까?

내가 묻자 쓰다 선생님은 약간 미간을 찌푸렸다.

"일단 사람을 전혀 만나고 싶어 하지 않는 사람은 있어요. 물론 모두 그렇지는 않지만요. 그런 사람은 자기 시간을 방해받고 싶지 않은 거예요."

"그래도 그러면 일을 할 수 없잖아요."

"네, 그래서 곤란한 사람인 거죠. 아무것도 안 하겠다고 해요. 그렇게 말하면서 버티면 이쪽도 억지로는 시킬 수 없잖아요. 위원회 등의 일은 다른 사람이 한다고 해도 수업 정도는 해 달라고 어떤 선생님이 부탁했어요. 일단 알았다는 대답을 받긴 했는데 영 안 되더라고요."

"안 된다니요?"

"수업을 잊어버려요. 너무 집중한 나머지 그 시간에 오지를 않는 거예요. 결국 대학에는 안 맞는다고 연구소로 가셨어요. 의욕은 넘치는데 수업 전에 생각에 잠겨 버리면 끝장나는 거예요. 그 세계로 들어가서 나오질 않아요."

"엄청난 집중력이네요."

"실험실이라든가 연구실이라고 하면 '바깥에 있는 것'이라고 생각하잖아요. 하지만 수학이라는 학문에서는 머릿속에 실험실이 있어요. 다른 학문과 비교해도 안쪽으로 향하는 의식이 강해서 자기 안으로 향하지 않을 수 없어요. 인간관계가 좋지 않다는 말을 들어도 어쩔 수 없는 부분이 있죠. 그래서 때로 별난 사람이 있기는 해요."

"예를 들자면 어떤 사람인가요?"

"강연에서든 강의에서든 일왕 앞에서든 반드시 자작곡을 부르는 사람이 있어요. 그분이 만든 소수 노래라는 게 있거든요. 그분, 훌륭한 선생님이에요. 일왕을 만난 것도 무슨 상을 받았을 때로 기억하니까."

어안이 벙벙했다. 철없는 어린아이 같다.

"악의는 없는 거네요."

"맞아요. 악의는 전혀 없어요. 의도적으로 빠진다든가, 심술을 부리는 것이 아니에요. 수학자 중에 악의가 있는 사람은 좀처럼 없어요. 연구자로서는 그런 사람이 가장 적은 분야가 아닐까 싶네요."

"왠지 평화롭네요. 싸움도 안 하나요?"

"싸움은 해요. 견해의 차이나 오해가 감정적으로 치닫기도 하죠. 순수한 만큼 고집이 센 편이니까요. 한번 이 사람은 악이라고 정하면 그렇게 쉽게 뒤집지 않아요. 싸우면 회복이 어려운 유형인지도 모르죠, 수학자란."

"수학자는 대립해도 냉정하게 논의할 거라고 생각했는데……."

"의외로 냉정하지 않아요. 물론 문맥에 따라서랄까, 의미 없는 싸움은 하지 않지만요. 그 사람이 생각하는 중요한 부분에서 오해가 생기면 비뚤어지죠."

자신의 기분에 솔직한 것일까. 쓰다 선생님은 가만히 나를 쳐다보면서 고개를 끄덕였다.

"수학은 '성실'이라는 말이 매우 어울리는 학문이라고 생각해요. 사기는 절대 못 치니까요. 치고 싶어도 못 치게 되어 있어요. 성실해질 수밖에 없고, 성실하게 할 수 없는 사람은 아마도 수학자에 맞지 않아요. 그러니 별난 사람도 많지만 기본적으로 수학자는 성실해요."

확실히 지금껏 만난 분들도 그런 인상이었다. 소통이 잘 안 될 때도 전하는 방식의 문제이거나 이쪽의 지식 부족이 원인이지, 거짓말을 한다든가 속이는 일은 전혀 없었다.

그렇다면 그렇게 성실할 수 있는 이유는 뭘까?

수학의 최초는 "마음"의 문제였다

쓰다 선생님은 재미있는 표정을 지어 보였다.

"기하학은 나일강 유역의 구획을 정리하는 과정에서 탄생했다고 해요. 그렇게 말하면 실용적이라는 생각도 들지만, 구획을 정리할 필요성은 실은 그다지 없어요."

"엇, 그래요?"

쓰다 선생님이 후후훗 웃는다.

"그야 내버려 두면 되잖아요. 그렇지만 인간은 옆 땅과 자기 땅 중 어느 쪽이 넓은지, 어떻게 다른지, 이런 얘기를 하고 싶어 한다는 거죠."

"실용성 때문이 아니라, 그저 얘기를 하고 싶어서라고요? 하지만 그 마음은 좀 알 것 같아요."

"자, 그럼 확인해 볼까? 그런데 어떻게 재지? 하는 이야기로 발전하죠. 거기에서 기하학이 탄생한 거예요. 또한 불규칙한 모양의 땅 넓이를 재고 싶어 하는 욕구에서 면적을 재는 '실진법method of exhaustion'이 발명되어 적분 개념으로 발전했어요. 실진법이란 도형의 면적을 장방형 면적의 합으로 정의하는 건데, 지금도 학교에서 배우죠. 해석학은 여기에서 시작되었다고 해도 과언이 아니에요. 그래서 근원을 거슬러 가면 처음에는 '마음'의 문제가 아니었을까 하는 거죠."

"먼저 마음이 있었다는 말씀인가요?"

"대수도 그래요. 물건을 센다는 건 실은 무척 어려운 개념이에요. 가령 의자를 센다고 해도 의자는 모두 조금씩 달라요. 그렇게 다른 것들을 같다고 간주하고 1, 2, 3으로 세죠. 의자를 어떻게 정의하는가는 어렵지만, 어떻게든 우리는 이런 걸 의자라고 간주해서 세죠."

쓰다 선생님은 방에 놓여 있는 의자를 가리켰다. 확실히 의자의 정의 따위는 모른다. 어딘지 모르게 의자는 의자라고 생각한다.

"의자와 책상이 함께 놓여 있다고 해도, 의자와 책상을 섞어서 1, 2, 3이라고는 세지 않잖아요. 아니, 물론 그렇게 세도 딱히 상관없죠. 하지만 어딘지 모르게 기분이 안 좋은 거예요. 그래서 우리는 수를 센다는 행위 전에 범주화를 하죠. 엄밀한 규칙대로 한다기보다는 아무 생각 없이 범주를 나눠요. 인간이 공통으로 지닌 마음의 구조 같은 것이 있어서, 그것에 따라서 나누는 거죠. 이것이 대수학에서 말하는 '무리'의 구조예요. 이걸 조금 더 엄밀히 해 나가면 다양한 대수가 나오죠."

"음, 다시 말해 우리는 우리도 모르는 사이에 매일 수학을 한다는 뜻인가요?"

"네. 인간의 인지구조야말로 수학 그 자체예요. 그런 심리학적인 부분을 이야기하면 반론할 수학자도 있으리라 생각하지만, 최초의 발상 순간은 그럴 것이라고 생각해요. 그래서 수학이라는 건 본래 어떤 대상을 기술하기 위한 언어가 아니었어요."

"인간이 '사물을 보는 법' 그 자체라는 건가요?"

"네, 수학은 무언가를 위해 만든 게 아니에요. 마음이 이끄는 대로 한 결과죠."

수업을 하고 싶지 않다든가, 소수의 노래를 부르고 싶다든가, 옆 땅과 비교하고 싶다든가, 나는 이게 의자라고 생각한다든가. 이유는 잘 모르지만 아무튼 이렇게 하고 싶다는 솔직한 마음이야말로 수학의 시작이라고 쓰다 선생님은 말하는 것이다.

"하지만 그러면 인간의 사고에는 전부 수학이 포함되어 있다는 말이 되지 않나요?"

조심스레 물었지만 쓰다 선생님은 바로 긍정했다.

"그런 뜻이지요. 마음은 수학이에요."

"시를 짓는다든가 그림을 그리는 것도 전부 수학인가요?"

"네. 그림을 예로 들자면 그건 뇌의 시각 표현이지요. 감정과 시각 정보의 처리 같은 메커니즘이 서로 조합하여 나타나는 거예요. 그건 전부 수학적으로 모델을 만들 수 있어요. 미의 배후에는 마음의 표출이 있고, 마음의 표출 뒤편에는 반드시 수학적인 구조가 있다고 생각해요."

으음. 잠시 생각에 잠기게 된다.

나에게 있어서 수학은 국어나 영어, 세계사와 마찬가지로 교과목의 하나에 지나지 않았다. 수학 교과서를 펼치고 있지 않는 이상 수학을 한다고 생각한 적은 없다.

하지만 쓰다 선생님과 이야기를 하다 보니 수학은 뿌리 깊게 우리의 사고에 관여한다는 생각이 든다. 어쩌면 정말 그런지도 모른다.

애초에 국어 시험 중에도 '300자 이내로 서술하라' 같은 문제는 당연하다는 듯 얼굴을 내민다. 글자의 '수'를 생각하는 것은 수학적이기도 하다. 이 문제는 배점이 크다든가 작다든가, 저 친구보다 좋은 점수를 얻고 싶다든가 하는 '다과(多寡)'도 수학이다. 미팅 자리에 남녀가 균등하게 나오도록 '조합'하는 일이나, 어제보다 오늘은 일이 하기 싫은 '비교'처럼 인간이 생각하는 것은 무엇이든 수학으로 설명할 수 있는지도 모른다. 보통은 의식하지 않지만.

"그래서 수학이 싫다든가 그런 건 말이죠, 역시 교육의 문제라고 생각해요. 원래 싫어할 만한 대상이 아니에요. 사람마다 그 사람만의 것으로 존재하는 거니까요."

소박하고 솔직한, 인간 마음의 핵. 그것이 수학이고 그곳에 깊게 잠기는 사람이 수학자인 모양이다. 그런 그들이 성실하고, 사심이 없고, 자신의 마음에 정직한 것은 당연한 일이리라.

그래서 수학자는 때로 어린아이처럼 순수하게 보이는 것일까?

그들이 괴짜로 보인다면, 정작 변한 쪽은 우리인지도 모른다.

부엌은 카오스투성이

"무언가를 위해 만든 것이 아니기에 수학은 다양한 곳에

쓰일 수 있어요. 범용성이 있지요."

점차 해가 기울고 창이 보랏빛으로 물들어 가는 가운데 쓰다 선생님은 말을 이었다.

"경제학일 수도 있고 물리학일 수도, 화학이나 생물학일 수도 있죠. 온갖 분야에 응용할 수 있어요. 물리 이론은 원칙적으로 물리 현상에만 적용할 수 있잖아요. 물리 이론으로 전혀 다른 학문, 예를 들어 생물의 어떤 행동을 표현하려 해도 좀처럼 쉽지가 않죠."

쓰다 선생님이 물리의 세계에서 수학 세계로 온 이유 중 하나도 그것이라고 한다.

"저는 카오스라는 것을 연구하고 있는데, 이것이 계기였어요. 카오스를 어떻게 이해할까 고민할 때, 물리의 세계에는 현상 실험은 있어도 이론은 없었어요. 그런데 수학은 제대로 준비가 되어 있었어요. 카오스라고 내세우지 않은 것도 포함해 관련된 논문이 이미 존재했죠. 수학자가 딱히 카오스 현상을 설명하기 위해 이론을 만든 건 아니에요. 역학계라는 연구 분야 중에서 그런 것이 나왔다고 해요. 그러니 저는 결국 수학을 할 수밖에 없었어요. 한 번 포기한 수학을요."

"헉, 포기한 적이 있으셨어요?"

"네. 고등학교 때 나에게는 수학적 능력이 없다고 생각해서 단념했어요. 그래서 물리로 갔죠."

수학을 좋아하게 된 이유는 인간이 싫어졌기 때문이라는 쓰다 선생님.

"어른은 거짓말을 한다는 걸 직감적으로 알았어요. 사회라는 것이 제 안의 합리성에 걸맞지 않은 부분이 있다라고요. 초등학교 때였나, 입속에서 훅 부풀어 오른 풍선을 꾹 눌러 바람을 빼 버리는 듯한 감각을 느낀 적이 있어요. 지금 생각하면 스트레스였겠죠. 하지만 수학을 할 때만큼은 그런 느낌이 들지 않았어요. 저에게 수학은 마음을 안정시키는 도구였던 거예요."

"단념한 이유는 뭔가요?"

"역시 친구 때문이죠. 엄청나게 수학 센스가 좋은 친구가 있어서 매일같이 수학 토론을 했는데, 못 당하겠더라고요. 그 친구는 지금 고등학교 선생님을 하고 있나……."

"아, 수학자가 아니네요."

"대학에 남으란 소리를 들은 모양인데 거절했다고 해요. 수학자는 되고 싶지 않다고요. 저도 '너 정도 능력이면 수학 세계에서 얼마든지 먹고살 수 있을 테니 해 보면 어때?'라고 말했어요. 수학자가 되어 인간으로서 좁아지기보다는 더욱 넓게, 많은 사람에게 영향을 주고 싶다고 하더라고요."

그 산뜻함은 과연 수학에 관여하는 사람답다는 생각이 들었다.

한편 쓰다 선생님은 물리 연구자가 된 후 수학의 세계로 다시 돌아왔다.

"선생님을 사로잡은 카오스란 대체 어떤 건가요?"

"카오스는 방정식 풀이예요."

"학교에서 배운 1차 방정식이나 2차 방정식, 그런 건가요?"

"그 친구죠. 다만 그 풀이를, 이른바 우리가 아는 초등함수에서는 적을 수 없어요. 풀이가 있다는 건 알지만 적을 수가 없어요."

"적을 수가 없다는 말씀은……?"

"문자 그대로 불가능해요. 표현할 수 없어요. 그렇기 때문에 수치적으로는 계산할 수 있다고 생각해요. 애매함은 아무것도 없는 확실한 방정식이니까 수치 계산하면 되는 것이죠. 하지만 수치 오차가 조금이라도 들어가면 오류가 엄청나게 크게 확장되는 성질이 있어요. 그래서 그 풀이가 어떻게 되어 가는지, 거의 가설을 세울 수 없어요."

"숫자 계산에서 오류가 일어나는 건가요?"

"본래라면 무한한 정밀도로 해야 하는 부분을 유한한 정밀도로 해서 그래요. 계산 속에서 소수점 이하 몇 자리, 이런 식으로 잘라 버리잖아요. 계산기로 계산한다고 해도 프로그램 안에서 몇 자리째를 반올림할지 또는 내림할지 정해져 있는 거예요. 그나마 결과에 큰 영향을 미치지 않는다면 괜찮지만, 카오스는 그 약간의 오차가 터무니없이 큰 영향을 미쳐서 오류투성이가 되고 말죠. 뭐가 진짜 풀이였는지 전혀 알 수가 없게 돼요."

식은 제대로 있다. 계산도 할 수 있다. 그러나 실체는 쥘 수 없다. 왠지 유령 같다.

"영어로 카오스chaos라고 하면 마치 크레이지crazy 같은 의미로 다가오지만, 그렇다고 엉망진창인 건 아니에요. 매우 질서 정연한 구조가 있는데도 불구하고 계산하려 하면 뭐가 진짜인지 알 수가 없는 거죠. 확실히 그곳에 있지만 만지면 보이지 않는 감각이에요."

"신기하네요. 그런 게 이 세계에 있나요?"

"그게 말이죠, 여기저기에 있어요. 가령 거기 있는 차도 카오스죠."

뭐라고? 그렇게 가까이에?

나는 아까 내온 찻잔을 보았다. 녹차가 담겨 있다. 특별할 것 없는 광경이다.

"이건 녹차니까 보통은 그러지 않지만, 가령 설탕을 넣는다고 치자고요. 내버려 둬도 설탕은 스륵 녹아서 섞이지만 더욱 빨리 녹이고 싶을 때는 어떻게 하죠?"

"음, 저어요."

"맞아요. 그때 스푼을 넣어서 이렇게 꾹꾹 누르지는 않잖아요. 규칙적으로 빙글빙글 돌리죠. 즉 난류가 아니라 깔끔하게 질서 있는 회전을 발생시킬 뿐인데, 실은 이때 카오스가 발생해요. 전단 흐름shear flow이라고 부르는 거죠."

나는 스푼으로 차를 저어 보았다. 바닥에 가라앉은 녹차 가루가 빙글빙글 돌면서 떠오른다. 지금 여기에 그 유령 같은 것이 생겨났다는 말일까?

"그 결과 설탕과 물이 무척 빨리 섞이죠. 즉 섞는다는 행위는 카오스적인 행동을 이용하는 거예요. 카오스가 있기에 우리는 다양한 것을 섞을 수 있어요."

"그럼 부엌은 카오스투성이네요!"

쓰다 선생님은 "맞아요" 하며 고개를 끄덕였다.

"빵이든 메밀국수든 우동이든, 섞거나 반죽하거나 하는 행위는 뭐든 해당돼요. 도장이 칼을 만들면서 탕탕 두드리는 것도 실은 같은 이치죠. 이건 예부터 인류가 해 온 일이에요. 카오스에 대한 수학적 설명이 명백해지면서 섞는다는 행위가 매우 합리적이라는 사실이 밝혀진 거죠. 그래서 카오스라는 건 일시적인 유행처럼 불린 적도 있지만, 그런 수준의 학문은 아니에요. 꽤 보편적이고 당연한 것이기도 하고, 개념으로써도 깊이가 있어요."

보통 당연히 했던 것이 실은 최신 학문으로 이어져 있다.

마음에서 시작된 수학이 또 마음으로 가닿은 듯하다. 마음이 수학이 되고, 수학이 마음으로 이어지고, 그렇게 조금씩 인간은 자신을 알기 위해 걸어가는 것일까.

"연구자가 되고 나서는 카오스를 이해하고 싶다는 마음이 가장 큰 동기부여가 됐죠."

쓰다 선생님은 점잖은 목소리로 그렇게 말했다.

당신의 카오스는 어떤 카오스

"카오스에는 말이죠, 하나가 아니라 여러 체계가 있어요. 정말 산더미처럼 많죠. 그래서 정의도 어려워요. 사람에 따라 다르니까요. 정의는 하나밖에 없다고 생각하면 큰 착각이고, '이걸 카오스라고 부르고 싶다, 내 마음은 이 카오스를 고른다'가 돼요. 다른 선생님은 '아니, 내 마음은 달라' 하며 다른 정의를 선택해요. 그렇게 일하면 수학이 혼란스러워질 것 같지만 그렇지 않아요."

"엇, 왜죠?"

"'나는 이런 정의를 합니다'라고 확실히 말하면 되거든요. 그 전제하에서 이야기를 하면 애매해지지는 않아요. 그런 자유로움이 수학의 장점이라고 생각해요. 분명하면서도 자유롭죠."

"그럼 제가 전혀 엉뚱한 것을 '카오스라고 부르고 싶다'고 주장해도 되는 건가요?"

"네, 그럼요. 그건 그 사람의 카오스니까요. 그건 그것대로 괜찮은 거죠."

무려 해도 좋다는 허락이 떨어져 버렸다. 쓰다 선생님은 표정이 그다지 변하지 않는 편인데, 때로 깜짝 놀랄 만큼 천진난만하게 웃는다.

"정의는 얼마든지 있어도 돼요. 그리고 역시 입시 수학 때문에 곧잘 오해받는 부분인데, 증명이 하나라고 생각하는 사람이 있어요. 사실 증명도 셀 수 없이 많아요. 사람 수만큼 있다 해도 좋을 정도로요."

"확실히 입시라면 공식을 암기한다든지 모법 답안을 외우는 방향으로 공부하죠."

"수학 잡지를 읽다 보면요, '우아한 해답을 구하라' 같은 말이 나와요. 일반적인 해답은 지루하니까 뭔가 이렇게 앗 하고 놀래키라는 거죠."

"우아함! 그런 점이 중시되는군요."

"맞아요. 저도 '이 증명은 재미없으니까 논문으로 쓰지 마'라는 소리를 들은 적이 있어요. '자네에게는 장래가 있으니까 이런 건 남기지 않는 편이 좋다'는 거죠. 증명을 할 수 있다면 그걸로 다 끝난 것도 아니에요. 도출되는 식도, 우리는 역시 귀신이 붙는 식을 원해요."

"귀신요?"

내가 눈을 휘둥그레 뜨자 쓰다 선생님이 덧붙였다.

"그러니까, 그 식이 직접적으로 설명하는 것 외의 의미를 지니지 않으면 1등급이 아닌 거예요. 딱히 틀린 식이 아니더라도요."

"좋은 소설 속 한 문장이 단순하지만 무척 깊이를 지니기도 하는 것처럼요?"

"닮은 점도 있어요. 수학이라는 건 무척 논리적이고 그 논리가 매우 투철해야 하지만, 의미 없는 논리 전개를 해도 어쩔 수 없어요. 하나하나가 수학으로서 의미를 지니고, 그 결과로 지금까지 보지 못했던 세계를 눈앞에 훤히 펼쳐 보이는 것이 좋은 증명이죠."

으음.

나에게 있어서 식이란 '푸는 것'일 뿐이었다. 몇 분 이내에 풀면 점수를 받을 수 있는 것. 하지만 수학자는 아무래도 그런 점은 보지 않는 듯하다. 그 식이 나타내는 의미, 표현하는 '그 마음'이야말로 그들이 다루는 대상인 것이다.

문학 vs. 수학

나는 딱히 수학 신봉자는 아니다. 수학에 대해 알고 싶지만, 너무 대단하다며 극찬을 늘어놓을 생각은 없다. 그래서 조금 치고 들어가기로 했다.

“선생님은 저서에서 수학이야말로 마음을 가장 잘 표현한다고 쓰셨는데요.”

“네, 그랬죠.”

“저는 작가로서 문학이 마음을 표현하는 데 뛰어나며 보편적인 수단이라고 생각하는데, 어떻게 생각하시나요?”

건방진 말이었다. 그러나 쓰다 선생님은 조금도 풀 죽거나 화내는 모습을 보이지 않았다.

“으음, 수학에 대한 공감의 차이일까요. 책에 쓴 건 어디까지나 제 주장이니까…….”

“일반적으로 수학은 이해하기 어렵잖아요. 공감을 얻거나 감정 이입하는 문제라면 문학이 훨씬 어울리지 않을까요?”

“네, 그러네요. 확실히 수학은 누군가가 이해하기 쉽게 한다거나, 그러한 발상은 기본적으로 없어요. 그래서 모두 힘든 건지도 모르겠네요. 그래도 말이죠, 감성을 공유하는 부분까지는 가능해요. 물론 기술적인 어려움은 있지만 원리적으로 불가능하지는 않아요. 수학 사전을 보면 아시겠지만요.”

“네? 사전이요?”

쓰다 선생님은 책장 쪽을 보더니 두꺼운 수학 사전을 가리켰다.

“수학 사전은요, 애매함이 없어요. 완벽해요. 이해할 수 없는 수학 개념이 나왔을 때는 사전을 찾아요. 그러면 사전의 설명 속에 또 모르는 개념이 나올 거예요. 그래도 몇 번이나 반복해서 찾다 보면 확실히 아는 지점까지 반드시 도달해요. 다람쥐 쳇바퀴 돌 듯하거나 중간에 미아가 되는 일이 없어요."

'오른쪽'을 찾았더니 '왼쪽의 반대' 같은 설명에 도달해서 사전을 내던질 일이 없다는 뜻인가?

"찾아보면 알 수 있도록 쓰여 있어요. 즉 수학이라는 건 찾아보면 알 수 있게 설명할 수 있는 학문인 거예요. 전혀 공부를 안 한 사람이라도 사전만 있으면 리포트 정도는 쓸 수 있죠. 다른 사전을 볼 때는 할 수 없는 일이죠. 이화학 사전이나 사회학 사전과 비교하면서 읽어 보세요. 저는 물리였으니 이화학 사전은 항상 끼고 살았지만, 읽고서 이해된 적이 없어요. 뇌과학 사전도 마찬가지예요. 전문가라면 괜찮지만 아마추어에게는 그다지 도움이 되지 않아요. 그런 점이 역시 수학의 강점이지요."

"아, 과연……."

역시 선생님은 이론으로 단단히 무장되어 있다. 쓰다 선생님의 절반 정도밖에 나이를 먹지 않은 내가 덤비기에는 무모한 상대였는지도 모른다.

"다만 니노미야 씨가 한 얘기도 이해 못 하는 건 아니에요."

쓰다 선생님은 가볍게 고쳐 앉더니 허공을 바라보았다.

"문학이야말로 표현으로써 보편적이고 뛰어나다는 의견이죠. 게다가 제게도 확실한 답은 없지만, 언어학자 촘스키는 '언어는 우주보다 복잡하다'고 말했죠."

"네? 우주보다요?"

"제정신인가 싶었어요. 하하."

쓴웃음을 짓는다. 쓰다 선생님은 진지한 얼굴 그대로 때때로 이쪽이 힘 빠지는 말을 한다.

"다만 하고 싶은 말이 뭔지는 알겠어요. 인간의 언어는 문맥이 자유롭잖아요. 그러면 뭐든 가능해지죠. 우리는 유한한 존재고 인류의 수도 유한하니까 살아 있는 동안은 유한한 것만 창출할 수 있죠. 언어 체계라는 것은 수학으로 말하는 실수, 즉 연속체인지도 몰라요."

헉, 지금 대체 무슨 일이 일어나고 있지? 나는 눈을 동그랗게 떴다.

쓰다 선생님은 수학의 언어를 구사하면서 문학에 대해 고찰하고 있다.

"이산적인 것이라면, 문법은 결정되죠. 다만 언어 그 자체는 무한히 있는지도 몰라요. 그것도 가산 무한처럼 작은 무한이 아니라요. 왜냐하면 언어는 자꾸만 변하니까요. 발음, 언어…… 지금은 한정적이라고 해도, 적어도 우주에 필적할 만한 복잡함은 있어요. 우주는 자연이 만든 것이지만 언어는 인간이 만든 거예요. 즉 진화적으로 나중이니까, 인간이 만든 언어 쪽이 가능성이 있다고 할 수 있어요. 네, 그렇기 때문에 문학이란 엄청난 세계라고 생각해요."

증명 종료. 그런 모습으로 쓰다 선생님은 나를 온화한 눈빛으로 바라보았다.

잠시 멍해지고 말았다.

쓰다 선생님은 내 질문을 적당히 넘기거나 얼렁뚱땅 얼버무리지 않았다. 겉치레로 문학을 추켜올리지도 않았다. 다만 사실을 쌓아서, 그 결과 당도한 결론을 단적으로 되돌려 주었다. 그렇기에 설득력이 있었다. 자신이 선택한 세계의 깊이를 수학의 눈으로 배운 나는 우연히도 용기를 얻었다.

그렇구나.

이것이 수학의 성실함인가? 이렇게 쓰는 건가?

집으로 돌아갈 무렵은 완전히 해가 진 후였다. 나는 대학생들과 함께 역으로 향하는 버스를 기다리면서 두둥실 뜬 달을 올려다봤다.

문학에는 우주보다 큰 가능성이 있다고 한다.

힘내자. 주먹을 슬며시 쥔다.

기뻤다. 그리고 다시 수학을 조금 이해한 듯한 기분이 들었다.

9
[약간은 수행 같아요]

후치노 사카에(고베대학 교수)

수학에는 생각지도 못한 따스함이 서려 있었다.

한편으로, 사람을 가까이 오지 못하게 하는 차가움도 공존한다고 생각하는 이는 나뿐일까?

학창 시절에는 수학 문제집을 펼칠 때, 지금은 수학 전문가를 만나러 갈 때, 나는 마음 한편으로 두려움을 느낀다. 시험에서 꼼짝달싹 못 했던 경험이나, 수업에서 지목받았을 때 대답을 못 해서 괴로웠던 기억 때문일까? 일단 수학에 관한 이야기를 들으러 다니는 이상, 언젠가는 그런 공포와 마주할 수 밖에 없다.

그날은 솔직히 가장 무서웠다.

약속 시간보다 일찍 고베대학에 도착했기에 학생 식당에서 잠깐 시간을 때우기로 했다. 담당 편집자인 소데야마 씨도 《소설 겐토》 편집장인 아리마 씨도, 한결같이 입을 꾹 다물고 있었다. 차에 손을 뻗을 마음도 들지 않는다. 점점 인터뷰 시간이 다가온다. 이상하게 땀이 났다.

"니노미야 씨. 도움이 되도록 저도 최대한 집중할 테니 걱정 마세요."

아리마 씨와 눈이 마주치자 다정하게 그렇게 말해 주었다. 입은 웃지 않고 있다. 나는 멍하니 생각했다. 왜 편집장이 굳이 왔을까? 만일의 사태를 대비한 응원단인지도 모른다. 겐토샤가 제공하는 전력 지원 태세라고 할 수 있으리라. 소데야마 씨는 뭘 하고 있느냐 하면, 가져온 과자를 바라보며 고개를 갸웃거리고 있다.

"선물은 괜찮다고 말씀하셨지만요, 그래도 꼭 드리고 싶어서요. '모두 함께 먹어요'라고 말하면 순순히 받아 주시지 않을까요?"

나는 질문 내용 등을 메모해 둔 노트를 펼치고 훑어보기 시작했다. 전혀 자신 없는 시험 직전의 발버둥과도 닮은 행동이었다.

왜냐하면 이번에 인터뷰할 선생님이 무서웠기 때문이다.

그분은 인터넷에 일기나 대학 수업에서 쓰는 요약본 등 다양한 글을 공개하고 있다. 나도 미리 훑어보았는데, 때때로 가슴이 철렁하는 표현이 나타났다.

이번에 단기 귀국할 때 수학자에 관한 논픽션을 쓰는 한 작가에게서 인터뷰 요청이 들어왔다.

내 이야기다!

출판사로부터 미리 질문 리스트를 받았는데, 모두 직구로는 답하기 어려운 질문뿐이다. '한마디로 답하라'고 명령이라도 한다면 말문이 막혀 버릴 것 같다. 인터뷰 때 그 상태가 될까 봐 무서우므로 앞으로 쓰는 포스팅 몇 개에서 왜 직구로 답을 할 수 없는지 설명해 보려고 한다. 다만 이 작가가 목표로 하는 바는 '팔리는 책'인 모양이므로, 이하에 서술하는 내용을 그대로 사용한다면 이 인터뷰의 답은 되지 않으리라.

'한마디로 말하라'는 식의 해답만이 받아들여지는 사람에게 뭔가 본질적인 설명을 할 수 있는가에 대해 나는 부정적인 경험을 너무 많이 쌓은 듯하다. 그래서 '베스트셀러' 같은 카테고리의 문장을 쓰는 작가는 정말 무섭다는 생각이 들고, 그 두려움이 내 궁극의 공격성을 끄집어낼 가능성에 대한 두려움도 있다. 그러나 반면에 이 '베스트셀러 작가'라는 현상에는 엄청나게 호기심이 인다. …… 이것이 이 인터뷰를 승낙하게 된 배경이다.

선제공격 잽이 훅 날아왔다. 이대로 패배를 인정하고 쓰러져 있고 싶은 기분이지만 '시합', 아니 취재는 이제부터다. 긴장감이 고조된다.

게다가 이메일로 연락하는 동안 '선생님'이라고 부르지 말고 '씨'라고 불러 달라는 요청도 받았다.

그동안의 인터뷰에서는 따뜻하고 친근하게 응대해 주는 분이 많았기에 나는 너무 긴장해서 제자리에서 빙글빙글 돌 정도였다. 그러나 본래 수학자는 그런 미지근한 존재가 아니지 않은가. 결국 만나고야 만 것인지도 모른다. 어디에 지뢰가 심겨졌는지 모를 까다로운 선생님을.

"슬슬 가 볼까요."

아리마 씨가 엄숙하게 말했다. 시간이 왔다.

화장실은 다녀왔다. 물도 마셨다. 명함도 준비했고 머리도 단정하다. 남은 건 부딪혀 깨지는 일뿐이다. 나는 각오를 다지고 소데야마 씨와 아리마 씨와 함께 말없이 고개를 끄덕이고 일어서서 걷기 시작했다.

여기서부터는 상대방의 요청에 따름과 동시에 경애의 마음을 담아 '후치노 씨'라고 기재하고자 한다. 그편이 올바른 이미지가 전해지리라는 믿음 때문이다.

실은, 후치노 씨는 무척 다정한 사람이었다.

형체 없는 공포

"처음 뵙겠습니다. 이쪽으로 오세요."

복도에서 만난 후치노 씨는 쾌활하게 웃으면서 우리를 담화 공간으로 안내했다.

"공학계 선생님의 연구실은 차를 내주는 비서가 계시기도 하지만, 수학과는 그렇게까지 주머니 사정이 좋지 못해서요. 음료는 차로 괜찮으세요?"

직접 자판기에서 차를 사오더니 종이컵에 따라서 나눠 준다. 폴란드 기념품이라는 초콜릿 과자까지 내준다.

"저기 후치노 씨, 이거. 다 함께 먹으면 좋지 않을까 싶어서요."

"아아, 정말 감사해요. 일부러 이런 것까지."

소데야마 씨가 어떻게 전해야 할지 엄청나게 검토하던 과자도 순순히 받아 주었다.

우리는 권한 대로 초콜릿을 손에 들어 입에 넣고는 "맛있다!", "안에 오렌지가 들어 있네요" 같은 대화를 나눴다.

뭔가 이상한데…….

이 인터뷰는 긴장감 가득한, 일촉즉발의 분위기 속에서 이루어져야 하지 않았나? 잠깐, 왜 그렇게 생각했지? 잠시 진정하고 정리해 보자. 애초에 후치노 씨의 어떤 부분이 두려웠을까?

《수란 무엇인가, 그리고 무엇이어야 하는가》라는 수학서가 있다. 저자는 수학자 리하르트 데데킨트Richard Dedekind, 번역과 해설은 후치노 씨가 맡았다. 이 책에 관한 후치노 씨의 일기는 다음과 같다.

데데킨트는 《Was sind und was sollen die Zahlen》의 첫 부분에 "이 책은 건전한 이성이라고 불리는 것을 지닌 인간이라면 모두 이해 가능하다. 이 책을 이해하기 위해 철학적이거나 수학적인 교과서 지식 따위는 전혀 필요하지 않다"라고 적고 있다.

이는 이 책(《수란 무엇인가 그리고 무엇이어야 하는가》) 전체에도 적용할 수 있으리라. 아니, 그보다 그렇게 될 수 있도록 열심히 썼다고 생각한다. 그래서 너무 어려운지(즉 안 팔려서 출판사를 실망시킬지) 아닌지는 애초에 독자가 어느 정도 이상의 노력을 투자해 이 책을 읽으려 생각할지, 하는 점과 '건전한 이성이라 불리는 것을 지니는' 사람들의 모든 인구에 대한 비율에 걸려 있다고 할 수 있으리라.

음, 무섭다. 이 책의 내용을 이해 못 한다면 인간도 아니라고 말하는 듯하다. 다음 문장도 블로그에서 발췌했다.

(전략) 이런 문제를 내자, 반이 전멸했다. 심지어 문제에 도전해

서 해답을 구한 학생의 그것이 실로 지리멸렬했다. 계산 문제에서는 성가신 계산도 틀리지 않고 해내는데, 이 문제나 다른 기본적인 문제에서는 제정신이 아닌, 감점을 줄 수밖에 없는 구역질이 날 것만 같은 '해답'이 쓰여 있는 일이 반복됐다.

화물숭배 의식cargo cult(비행기나 배의 불빛을 조상의 계시로 착각하여, 이들이 특별한 화물을 실어 올 것이라고 믿으며 기다리는 풍습—옮긴이)을 치르듯, 수학 흉내만 내는 학생뿐인 반을 가르쳐야 하는 일은 고통이다. 그런 학생이 득시글거리는 캠퍼스는 꽤 기분 나쁜 장소라고 말하지 않을 수 없다.

학생 시절에 '구역질이 날 것 같은 해답'을 썼을 나로서는, 복도에 서서 설교를 듣는 듯한 기분이다. 게다가 다른 부분은 다음과 같다.

가르쳐야만 하는 학생이, 가만히 두면 스스로 이해할 줄 아는 부류가 아닌 경우에는 그 책임을 모두 가르치는 쪽이 지게 되므로 교육은 매우 수지가 안 맞는 일이다. 심지어 학생 대부분은 이해한다는 것 자체를 완전히 거부했다. 거부까지는 아니더라도 이해한다는 것이 무엇인지를 전혀 이해하고 있지 않는 듯했다. 심지어 그들은 이과 계열 학생도 아니었다. 그래서 아마도 개와 닭의 차이처럼, 문화권 자체가 다른 사람들이므로 그들이 이해하

기를 거부하는 것 자체를 비난할 수도 없었고, 보고도 못 본 척 할 수밖에 없었다. 초등학생 때처럼, 슬픈 기분이 들었다.

후치노 씨의 절망이 전해진다. 이런 말까지 듣는다면 나도 반론하고 싶어진다. 그거야 머리 좋은 사람이 보자면 그럴지 몰라도, 나도 나름대로 열심히 하고 있어요. 수학을 이해 못하는 건 어쩔 수 없잖아요. 그걸 개와 닭의 차이라고까지 말한다면, 어떤 방법으로도 타협이 불가능해요.

음, 인터뷰 장소로 발이 떨어지지 않는 것도 무리는 아니다.

하지만 실제로 보니 후치노 씨는 배타적이기는커녕 무척 친근한 인상이다. 이 모순을 어떻게 받아들여야 할까?

혹시…… 내가 아무 이유 없이 겁을 먹은 건 아닐까? 후치노 씨에게, 또는 수학에.

"수학은 생각 외로 누구든 알 수 있는, 두려움 없이 접하면 누구든 이해할 수 있는 학문이에요. 물론 어려운 부분은 한없이 어렵지만, 그렇지 않은 부분도 많아요."

후치노 씨가 말한다.

"언도르 푈데시라는 헝가리 피아니스트가 책에 썼는데요, 젊을 때 리스트의 소나타를 공부할 때 '이 곡은 쉬운 곡'이라고 생각하기로 했대요. 그랬더니 어려움 없이 마스터할 수 있었다는 일화가 있었어요. 마찬가지로 수학에서도 심리적 인 요인은 꽤 클지도 몰라요."

두렵다고 생각하니까 두려운 것이다. 두려운 기분이 멋대로 커져서 실제 후치노 씨와 전혀 다른 이미지를 품게 됐는지도 모른다. 수학에 대해서도 그렇다. 나는 절대 이해할 수 없는 무서운 학문이라고 믿고 있는지도 모른다.

데데킨트에 도전하다

나는 하나의 실험을 했다.

《수란 무엇인가 그리고 무엇이어야 하는가》를 읽기로 한 것이다. 리하르트 데데킨트의 저서다. 그다지 두껍지 않은 문고판이지만 전문서 특유의 묵직함이 느껴진다. 소설과 달리 표지에서도, 뒤표지의 소개 글에서도, 펄럭펄럭 적당히 펼친 페이지에서도 전혀 재미를 느낄 수 없다. 잔뜩 찡그린 데데킨트가 나를 위협할 것 같다. 건전한 이성을 지닌 모든 인간이라면 이해할 수 있다는 책. 만약 내용을 이해하지 못한다면 '어차피 나는 건전한 이성이 없는 인간이에요'라고 후치노 씨에게 말하고 결별할 수밖에 없으리라.

나는 책을 노려보았다. 읽기 시작하기 전에 결의를 다지는 시간이 필요했다. 하기로 한 이상은 진지하게 읽어야 한다. '열심히 했는데 이해할 수 없었다'는 사실이 필요한 것이다.

생각해 보면 이 책과는 언젠가 만날 수밖에 없는 숙명이었는지도 모른다.

'어른을 위한 수학교실: 나고미'의 호리구치 선생님을 취재했을 때 '엡실론-델타 논법'이라는 개념이 나왔다. 그것에 관해 가벼운 마음으로 질문했더니 데데킨트 절단을 파헤칠 일이 생겨서 난리가 났었다. 다른 선생님이 도와주기 위해 달려오지를 않나, 우리는 뭐가 뭔지 전혀 이해할 수 없는 상황이 펼쳐져서 호리구치 선생님도 당황했다. 내가 이제부터 도전할 상대가 바로 그 강적, 데데킨트인 것이다.

과연 어떻게 될까. 나는 노트와 펜을 옆에 두고 흠칫거리며 책장을 넘겼다. 다 읽기까지 며칠이 걸렸다. 결론부터 말하겠다.

제대로 이해했다!

꽤 감동이 컸다. 내용은 그렇게 어렵지 않았다. 오히려 간단하달까, 언뜻 당연하게 여겨지는 것을 굳이 언어화하여 제대로 확인해 나가는 책이었다. 언어화하는 과정에서 과연 그렇구나 싶은 곳은 있어도, 이건 내 능력을 훨씬 뛰어넘는다고 여겨지는 부분은 없었다.

도저히 다 먹을 수 없으리라 생각한 양의 식사가 나와 곤란했지만, 의외로 맛이 담백해서 소화가 잘되어 한 입씩 한 입씩 깔끔하게 먹어 치운 기분이다.

어쨌든 이걸로 나는 건전한 이성을 지녔다는 사실이 명백해졌다.

다만 아직 안심할 수는 없다. 내가 지극히 소수의 엘리트였을 가능성도 남아 있다. 추가적인 검증이 필요하다. 그래서 나는 아내를 불렀다.

"잠깐 괜찮아? 이 책 좀 읽어 줬으면 해서."

"헉."

표지를 보자마자 미간을 찌푸리는 아내. 아내는 수학에는 젬병이다. 대학 입시에서는 데생 연습에 시간을 바쳤고, 대학에서는 오로지 나무를 깎아 조각만 한 사람이다. 아내의 수학 능력은 중학생 때 배우는 연립방정식 부분부터 이미 아슬아슬하다.

"설명할 테니까, 1장만이라도 읽어 봐."

"무리일 것 같은데. 왜냐하면 데데킨트는 외래어라구."

"확실히 외래어이기는 하지만, 당신이 좋아하는 초콜릿도 외래어잖아."

아내는 망설였지만, 이것도 작가 아내의 임무라고 말하며 일단 설명을 시작했다.

"그러니까 이런 결론에 이른 이유가, 이렇다는 거잖아."

"아, 응. 그렇지."

"그치? 그러니까 이런 식으로 쓸 수 있어."

"어, 그래?"

"이것 봐, 여기에 시험 삼아 이 기호를 넣어 보면……."

"아아, 그러네. 그렇구나, 맞네."

"이해했어? 즉 이것이 데데킨트 - 페아노의 공리야."

"대단해! 왠지 어려워 보이는 외래어인데 나도 이해했어!"

아내의 얼굴이 빛난다.

일단 일부지만 아내도 이해했다! 검증 건수가 충분하다고는 할 수 없지만, 아마도 보통 사람이라면 누구나 알 수 있지 않을까? 정말로 어렵지는 않은 거다.

하지만 어려움이 없지는 않다.

"이 사람, 잘도 이런 책을 썼네……."

아내의 탄식도 이해가 갔다. 이 책은 좀처럼 펼치기 어려운 데가 있었다. 아내는 이런 식으로 표현했다.

"요리책과 닮은 데가 있는 것 같아."

"요리? 아, 하긴……."

아내가 고개를 끄덕였다.

"박력분 몇 그램을 정확히 잰다든가, 반죽을 치대서 일정한 온도로 몇 시간 놓아둔다든가, 그런 이야기가 끝없이 이어지는 느낌이잖아. 맛있어 보이는 빵 사진이라든가 즐거워 보이는 삽화 같은 것 하나 없이 말이야. 요리 지식이 하나도 없는 상태에서 그걸 읽어야만 하잖아."

익숙지 않은 용어도 많이 나와서 그때마다 걸려 넘어진다. 순서대로 설명되어 있어서 앞부분을 다시 읽으면 확실히 이해할 수 있기는 하지만 약간 귀찮다.

"그래도 요리는 마지막에 맛있는 음식이 완성된다는 걸 알지만, 이 책은 뭐가 완성되는지 잘 모르지."

우리는 함께 끄덕였다. 독특한 따분함과 앞이 보이지 않는 불확실함. 이 두 장애물이 가로놓여 있기에 달리 읽고 싶은 책이 있으면 집어던지고 싶어질지도 모른다. 그런 어려움이 있는 책이다.

"그래도 분명 맛있는 음식이 될 거야."

내가 그렇게 말하자 아내도 끄덕였다.

"그렇겠지. 아니라면 굳이 엄청나게 고생하면서 이런 책 안 쓰겠지."

"하지만 그 맛이 제대로 그려지지는 않네……."

다 읽었을 때 구축된 세계에는 일종의 감동이 있다. 하지만 친구에게 추천하자니 좀처럼 말이 나오지 않는다. 요리를 추천하는 쪽이 훨씬 쉽다.

"하지만 잠깐 이것 좀 봐 봐."

나는 후치노 씨의 강의 슬라이드를 열어서 아내에게 보여주었다. 수학은 모든 학문의 기초라고 쓰여 있다.

"물리, 화학, 생물…… 결국 모두 수학을 쓰지 않으면 성립되지 않는 분야로, 수학이 넘어지면 모든 학문이 넘어진다. 뭐 그런 이야기인 것 같아."

"그러고 보면 숫자는 여기저기서 쓰니까."

아내는 주변을 둘러보았다. 달력, TV 리모컨, 에어컨의 온도 설정. 숫자 없이는 성립되지 않는 것투성이다.

"맞아. 다시 생각해 보면 인터넷 암호 통신은 죄다 수학이고, 컴퓨터도 수학 덩어리잖아. 수학이 없었다면 스마트폰도 없고, 게임도 없고, 으음 그리고 뭐지, 신용카드도 없어. 건물의 강도 계산도 불가능하고 비행기 설계도 못 하지. 아무것도 못 만들어."

아내는 휴우 한숨을 쉬었다.

"대단하네."

"응. 대단해. 그런데 뭐랄까, 너무 대단해서 잘 모르겠어."

"그러게 말이야. 스마트폰이 유용하다는 건 알지만, 그것에 수학이 쓰인다는 말을 들어도, '그렇구나' 하고 말잖아. 이 데메킨트……."

"데데킨트야."

"데데킨트가 다양한 것으로 이어졌다고 해도 직접 체감하기는 힘들지."

"왜일까? 어딘가 당연히 존재하는 공기 같은 것이라서 고마움을 느끼지 못하나?"

"그것도 없지 않겠지. 그리고…… 그런 것일 리 없다고 믿고 있다든가."

"믿고 있다고?"

"그야 수학 시간에는 문제 푸는 방법밖에 안 배우잖아."

과연 아내가 말한 대로다. 나는 생각에 잠기고 말았다.

"에도시대의 수학은 다른 학문, 그러니까 물리학이나 사회과학과 영향을 주고받으며 발전하는 길을 걷지 않았어요."

다시 고베대학 수학 연구실의 대담 공간. 소파에 앉은 후치노 씨가 말하자 뒤로 묶은 긴 머리가 가볍게 흩날렸다.

"딱히 물리와 연결되지 못했어요. 유럽에서는 수학이 물리학이나 천문학과 연결되어 크게 발전해 왔죠. 한편 일본은 순수한 수학, 퍼즐 풀기를 통해 정신성과 인간성을 고조시키는 요소가 강했죠. 그런 체질 일부가 현대에 이어져 내려온 게 아닐까 싶어요."

다시 입을 연 후치노 씨는 "다양한 사람이 있으니 모두에게 해당되지는 않겠지만"이라고 서두를 뗀 후에 말을 이었다.

"그런 취미 예능으로서의 수학이라든가 좋은 점수를 따서 대학에 들어가기 위한 수학, 이른바 입시 수학이 일본에서는 따로 떨어져 나가 버린 면이 있는 게 아닌가 해요. 가능한 한 높은 점수를 따서 조금이라도 좋은 대학에 들어가려는 사람들은 문제는 풀 수 있어도 그 깊은 의미를 알 여유가 없는 거죠. 그래서 배우려는 동기 자체가 사라져 버려요. 모처럼 대학에 들어가더라도, 좋은 점수를 따기 위한 마음가짐 그대로 수학을 대하는 게 아닐까요? 수학의 사고방식을 발판 삼아 뭔가를 더욱 깊게 이해하는 걸 목표로 하면 달라질 텐데 말이죠……."

수학을 점수를 따기 위한 수단이라고 생각하는 사람과 우주를 이해하기 위한 도구 중 하나라고 생각하는 사람. 확실히 그 차이는 크다. 나는 지금은 전자지만, 만약 후자였다면 어땠을까?

수학이 사회에 어떻게 도움이 되느냐는 질문을 받아도 '으음, 거기서부터 들어오는구나……' 하고 머리를 감싸 쥘 것만 같다. 모든 것의 기반이 되는 부분을 연구할 생각인데, 도움이 되지 않는 것에 몰두하는 괴짜로 여겨질지도 모른다. 그 훌륭함을 이해하려면 직접 해 보는 편이 가장 빠른데도 "수학은 두렵고 무서워"라는 소리만 듣는다. 그렇게 두려워하지 않고 해 보면 의외로 간단하고 즐거운데 말이다.

후치노 씨에게 느낀 공포가 조금씩 사라졌다. 블로그에 올린 글도, 지금 읽으면 완전히 다른 인상이다. 깜짝 놀랄 표현은 비아냥이 아니라 단순한 사실과 수학 현상에 대한 안타까움으로 비친다.

맨 처음 들어온 잽도 그렇다. 누군지도 모르는 수학 아마추어가 돌격 취재를 의뢰해 왔다. 그것에 대해 견제를 하기는커녕 오히려 성실히 신사적으로 응해 주려 한 것이다.

그리고 그런 이미지야말로 실제로 만난 후치노 씨에게 어울린다.

나는 지레 겁을 먹은 것이다.

억지로 수학을 좋아할 필요는 없다. 그러나 두려움 때문에 수학을 멀리하고 수학자를 먼 존재라고 생각한다면, 너무도 안타까운 일이다. 우리에게도, 수학자에게도.

불완전하다는 사실도 수학으로서의 전진이다

두려워할 필요는 없다는 사실을 깨달았으니 다시 후치노 씨와의 이야기로 돌아가 보자.

"그러고 보면 후치노 씨가 수학자로서의 길을 걷기로 결심한 때가 '괴델의 불완전성 정리'라는 것을 알고 나서라고 하셨는데요."

생글거리며 후치노 씨는 끄덕인다.

"맞아요. 그게 계기였어요. 뭐랄까요, 뭐, 엄청 매력적인 거라고 생각했어요. 불완전성 정리라는 건 보통 수학을 조금 벗어난 정리예요. '수학에 대한 수학적 고찰'이거든요."

"수학 그 자체를 더욱 수학적으로 고찰하는 건가요? 뭐랄까, 이중으로 수학하는 듯한 느낌인가요?"

"'메타'라는 말을 쓰잖아요. 메타 소설이라면 저자가 작중에 나온다든가 등장인물이 이건 소설 속이라는 사실을 안다든가 하는 작품이죠. 보통 수학에서는 그런 것을 할 필요가 없어요. 그래서 불완전성 정리는 '재미있어 보이지만 나와는 그다지 상관없는 이야기네'라고 생각하는 수학자도 많지 않을까 싶어요. 그래서 저는 이단으로 치자면 이단이에요."

후치노 씨는 아래턱에 손을 대고 사색하듯 시선을 비스듬히 위로 향한 채 빠르게 술술 말했다.

"불완전성 정리는 '수학 전체가 모순되지 않는다는 것을 수학적으로 증명하는 일은 불가능하다'는 것이 하나의 결론이에요."

나는 그 말을 천천히 머릿속에서 곱씹는다.

"그건 그러면, 수학의 한계가 수학적으로 증명되어 버렸단 말씀……."

"네, 맞아요."

후치노 씨가 고개를 끄덕인다.

"수학은 완벽하지 않다는 뜻이죠? 그건 수학자에게 그다지 바람직하지 않은 일 아닌가요?"

"그렇죠. 보기에 따라서는 바람직하지 않고, 부정적인 결과이기도 하죠. 그래서 이걸 무시하는 분도 물론 있다고 생각해요. 하지만 저는 그렇게 부정적인 것이라고는 생각지 않아서요. 다시 한번 말하자면 '수학 전체가 모순되지 않았다는 것을 수학적으로 증명할 수는 없다'는 결론이지 '수학은 모순되어 있다'는 결론이 아니에요. 수학에도 불가능이 있다는 사실을 안 것뿐이죠."

"그럼 모순되지 않았다고 믿으면 된다는 건가요?"

"수학을 하는 사람은 모두 수학은 모순되지 않았다고 믿거든요. 단순한 맹신이 아니라, 다양한 수학 이론의 정합성이 수학이 모순되지 않았음을 시사한다고 간주할 수 있다는 거죠. 불완전성 정리를 아는 사람도 모르는 사람도 마찬가지예요. 뭐, 확실히 나눌 수 없으니 약간 찜찜하기는 하지만요."

이상하다는 듯 웃는 후치노 씨.

"하지만 수학이란 그런 거예요. '이렇게 되었으면 좋겠다'라고 생각해서 증명해 보면 그렇지 않을 때도 있어요. 그럴 때, 역시 본인의 주관을 관철할 수는 없어요. 수학적으로 생각하면 그러니까, 제대로 사실을 인정할 수밖에 없어요. 그런 선을 자신 안의 어딘가에 긋는 거죠."

"그러면 혹시 괴델의 불완전성 정리도 어떤 의미에서는 수학이 또 하나 밝혔다는 이야기가 될까요?"

"그렇죠. 그것도 하나의 전진이라고 할 수 있겠죠."

나는 감탄하고 말았다.

나에게 바람직하지 않다는 결론이 나와도, 수학은 그것을 받아들인다. 과연 나는 그렇게 할 수 있을까? 싫다. 점괘를 뽑아서 대흉이 나오면 못 본 셈 치고 다시 한 번 뽑는다. 대길이 나올 때까지 뽑고 싶다. 그러면 대흉이구나, 전진이다 같은 기분은 느낄 수 없으리라.

"후치노 씨, 힘들지 않으세요?"

"으음 뭐랄까, 수행 같은 면은 있어요."

입으로는 그렇게 말하지만 조금도 괴로워 보이지 않는다. 싱글벙글 웃고 있다.

"'이렇게 되기를 바란다'는 것이 완전히 버려지지 않아서 앞으로 나아가지 못할 때는 있어요. 그래도 말이죠, '이렇게 되기를 바란다'가 없으면 그건 그것대로 힘들어요. '이렇게 되기를 바란다'도 '이렇게 되기를 바라지 않는다'도 아닌 중립적인 자세로 진행해도 연구가 잘되지는 않아요."

"괴, 괴롭겠네요……. 자기 분열이네요, 그건. '이렇게 되기를 바라는 자신'과 '그것을 객관적으로 판단하려는 자신', 둘 다 존재하는 거니까요."

후치노 씨는 끄덕였다.

"그렇죠. 특히 제가 하는 메타수학이 관련되는 분야가 그래요. '수학의 세계에서 수학을 하는 나', '기호의 조작 측면에서 그것을 보는 외부의 나', '더욱이 그것을 또 위에서 보는 나' 등이 나오죠."

"즉 3단계 정도 있나요?"

"무한한 단계가 나올 때도 있어요."

"무, 무한? 그렇게 많나요?"

"불확실한 게 아니라 실제로는 정식화할 수 있는 상황이기는 하지만요."

무한이라고 비유하는 것이 아니라, 실제로 무한한 단계가 있다는 뜻이다. 아마추어로서는 그쪽이 더 무섭지만.

"그런 상황을 다뤄야만 하는 일이 있는 거죠. 어떤 의미에서는 이상한 자기 분열을 하면서 작업을 하는 거랄까……."

"마치 미스터리를 쓰는 작업 같네요. 속는 독자의 마음도 생각하면서 속이는 이야기를 쓴다든가."

후후훗. 내 앞에서 수학자가 장난스럽게 눈을 깜박인다.

"미스터리는 잘 모르지만, 예전에 작곡가로서 활동한 적은 있어요. 컴퓨터로 하는 작곡이었죠. 피에르 불레즈라는 작곡가가 '관리된 우연성'이라는 개념을 제창했는데, 어쩌면 그것에 가까울지도요. 이쪽에서 커다란 틀을 지정하면 컴퓨터가 그 범위 안에서 소리나 리듬을 선택하는 거예요. 그러면 어느 정도 예측되는 가운데 예측 불가능한, 그런 음악이 만들어지죠."

과연. 전체 구도를 만드는 후치노 씨, 예측 불가능한 소리가 나와서 놀라는 후치노 씨, 하지만 그 또한 계산한 후치노 씨 등 다양한 후치노 씨가 나오는 것이다.

"후치노 씨가 하는 수학과 약간 닮았네요."

"네. 제가 하는 일은 전부 이어진다고 생각해요. 바깥에서 보면 완전히 다르게 보일지도 모르지만요. 적어도 나에게는 그 소리와 그 음악을 듣는 것, 요컨대 '그 세계를 듣는 것'과 '수학의 세계 속에서 점점 알아가는 것'은 거의 같다는 감각이 있어요."

음악이든 수학이든, 세계를 바라보는 후치노 씨의 방식을 조금 알 것 같은 기분이 들었다.

인공지능은 수학을 할 수 없다?

"불완전성 정리의 해석 중 하나로 '기계적인 계산을 할 수 있다고 해서 수학이 가능하지는 않다'는 결론이 있어요."

"어, 그런가요?"

"네. 즉 수학은 문제를 컴퓨터 프로그램에 돌리면 답이 나오는 게 아니라는 거죠. 왜냐하면 말이죠, 반대로 모든 것을 명백하게 흑백으로 나눌 수 있는 세계가 있다고 칠게요. 그러면 수학의 증명은 기호의 나열이므로 전부 사전적으로 줄줄이 세울 수 있어요. 무한히 이어지기는 하지만, 어딘가에 문제에 대한 답이 있기에 기계적으로 찾을 수 있어요. 하지만 불완전하다면? 아무리 해도 명백하게 나눌 수 없는 부분이 있으면 컴퓨터는 루프에 들어가 멈추지 않게 되죠."

그렇구나. 수학은 불완전하기에 기계적으로 다룰 수 없는 것이다.

"그래서 지금의 과학으로 간단히 떠올릴 수 있는 인공지능은 수학을 할 수 없는 거죠."

"그거, 희망이 있네요! 수학은 인간만의 것인가요?"

"직감이라든가 번뜩임이라든가, 그런 것이 없으면 수학을 할 수 없어요. 물론 그런 걸 겸비한 컴퓨터가 앞으로 나오지 않으리란 보장은 없지만, 수학은 같은 방식을 계속 이어 가기만 해서는 앞으로 나아가지 않아요. 그래서 어떤 의미에서는 어느 정도까지 해도 아직 더 할 수 있을지도 몰라, 그런 여지나 가능성이 남아 있죠."

수학에서 할 일이 없어져서 곤란할 일은 한동안 없을 듯하다.

"그러면 실제로 수학을 할 때도, 기계적으로 계산하는 것은 아니네요."

"네. 최종적으로는 논리적으로 확실히 올바른 것이어야만 하지만, 그 과정이 반드시 논리적일 필요는 없어요. 뭐랄까, 비논리적인 도약이 필요하죠."

논리를 넘어선 도약으로 진실에 도달한다. 그리고 그것을 논리로 번역하면 수학 논문, 즉 그 기호의 나열이 탄생하는 것이다.

"논리적인 언어로 번역하는 작업은 훈련 받은 수학자라면 자동으로 가능해요. 자동이란 말은 지나친가? 하지만 어느 정도 가능해요. 하지만 비논리적인 도약이 더 어렵달까, 어떻게 하면 비논리적으로 도약할 수 있을지 정말 설명할 도리가 없어요."

후치노 씨는 먼 곳을 바라보는 듯한 눈으로 허공을 쳐다보았다.

"아무것도 하지 않고 갑자기 도약할 수 있는 게 아니므로 역시 훈련과 도움닫기가 필요해요. 일단 가능한 것을 전부 생각해 두면, 기분 전환할 때 훅 하고 아이디어가 떠오른다고나 할까요."

그리고 곱씹듯이 말했다.

"그럴 때는 뭐랄까, 엄청 기쁘죠. 그리고 다시 한번 이 기분을 맛보고 싶다고 생각해요. 그게 수학을 하는 사람으로서 느끼는 수학의 매력인지도 몰라요."

"중독되어 버리는 거네요."

"네. 중독성이 있어요."

후치노 씨가 도약의 예를 하나 가르쳐 주었다.

일단 대충이어도 상관없으니 문제를 봐 주기 바란다.

"평면상에 임의의 점 다섯 개가 주어지고 그중 어떤 세 점도 동일 직선상에 없다고 할 때, 다섯 점 중 네 점을 선택해 이를 볼록 사각형의 꼭짓점이 되도록 만들 수 있다. 이것을 증명하라(다각형이 볼록이라는 것은 내부에 있는 어떤 두 점을 잇는 직선도 그 다각형의 내부에 포함되었다는 의미)."

흐음, 도형 문제네…… 정도의 감상밖에 나오지 않는다. 어디부터 어떻게 손을 대야 할지 전혀 알 수가 없다. 이걸 어떻게 풀면 좋을까.

보조선을 긋나? 실제로 도형을 만들어서 종류를 나눠 볼까? 대체 어떻게?

그럼, 놀랄 만한 첫 번째 방법이 이제부터.

"우선 평면을 판자 같은 거로 생각하고 주어진 다섯 점에 못을 박는다."

갑자기 일요 목공방이 시작된다.

"그 둘레에 고무줄을 건다."

이건 완전히 만들기 교실이다.

"이때, 이 고무줄이 세 개의 못에 걸리는 경우와 네 개의 못에 걸리는 경우, 다섯 개의 못에 걸리는 경우 세 가지를 생각할 수 있다……."

명백한 경우 나누기가 되었다. 여기를 발판으로 하여 각각의 경우에서 네 점을 고르다 보면 이 문제를 깔끔하게 풀 수 있다.

물론 이건 해법의 가장 단순한 본질로, 못이나 고무줄 등을 실제로 수학의 언어에 싣고 제대로 풀어 보려고 하면 꽤나 어렵다고 한다. 흥미 있는 분은 '에스터 클라인Esther Klein의 정리'를 찾아보기 바란다.

"이건 기하학적인 직관의 한 예예요. 하지만 어떻게 이런 발상을 했는지, 그야말로 도약이에요."

컴퓨터는 좀처럼 발상할 수 없을 듯하다. 그들은 못을 박지도, 고무줄을 걸지도 않으니까.

그래도 역시, 수학은 무섭다

"그러고 보면 후치노 씨는 블로그에, 수학은 재능이 차지하는 부분이 크고 노력으로 채울 수 있는 부분은 적다고 쓰셨는데요……."

"맞아요. 저는 대학원생도 지도하는데, 학생 수준과 연구자 수준 사이에는 역시 장애물이 있어서 그걸 넘을 능력이 없는 사람이 있는 법이에요. 아무리 수학에 흥미가 있고 수학자가 되고 싶더라도요."

"역시 확실히 보이나요?"

"'이 사람은 이 정도 수준이구나' 하는 건 조금 수학적인 이야기를 나눠 보면 금세 알 수 있어요. 학생과도 그렇고 수학자끼리도 그래요. 그래서 무서운 세계죠. 다른 세계라면 더욱 다양한 요소가 있으니 노력으로 보충할 수 있는 부분도 있겠죠. 하지만 수학자는 번뜩임, 센스 같은 것이 차지하는 부분이 꽤 크기 때문에 안 될 때는 정말 안 돼요. 그래서 그런 사람을 어떻게 다뤄야 할지는 정말로 어려운 문제예요."

내내 밝던 후치노 씨가 이때는 심각한 표정을 지었다.

"그 사람을 혼내거나 화내거나 해서 되는 문제가 아니에요. 저로서는 도와주고 싶지만요……. '너는 무리다'라고 말하면 자존심에 상처를 입겠죠. 낙담한 나머지 최악의 경우에는 자살해 버릴지도 모르잖아요. 취미로 하는 수학이라면 즐거우면 되지만, 대학은 전문가를 양성하는 곳이니까요. 어떻게 하면 좋을지 엄청 고민하는 부분이에요."

"해외도 마찬가지일까요?"

"독일 사람은 비교적 확실히 말하려나. 저는 독일 대학에 있을 때 '자네 왜 그렇게 실력 없는 학생을 들이는 거야?'라고 비판받은 적이 있어요."

"무, 무섭네요……."

왠지 다시금 수학의 공포가 되살아났다.

아내와 함께 데데킨트의 책을 읽어 냈을 때는 '뭐야. 수학, 너 의외로 알 만하잖아. 오해했어'라는 기분이었는데, 그런 기분으로 쉽게 들어가는 곳은 입구까지일까?

불쑥 후치노 씨가 입을 열었다.

"저, 아마도 지금 살아 있는 인류 중에서 가장 머리가 좋은 사람의 조수를 반년 정도 한 적이 있어요. 셸라흐 선생님이라고 하는데요."

사하론 셸라흐Saharon Shelah. 이스라엘의 수학자다.

"그분 논문이 2000건 정도 되려나, 1000건은 너끈히 넘을 거예요. 공저자가 많이 있는데, 그중에는 셸라흐에게 문제를 가져와 가르침 받은 결과를 거의 그대로 논문 형태로 만든 것밖에 못 한 사람도 있어요. 정말로 엄청난 선생님이에요. '셸라흐를 인간이라고 생각해서는 안 된다. 외계인 같은 존재라고 생각하지 않으면 버틸 수가 없다'고 말하는 사람도 있어요. 외계인이라면 뭐든 가능하잖아요? 그 정도예요. 셸라흐와 비교하면 다른 사람은 전부 고만고만, 도토리 키 재기죠."

"그렇게 보통 사람과 다르군요."

"네, 달라요. 너무 달라서 비교하는 것조차 의미가 없죠."

"그 선생님의 조수는 어떤 일을 하나요?"

"여러 가지를 해요. 연구 아이디어를 듣고 세세한 부분을 채운다든가 하는 일이죠. 셸라흐 선생님은 꽤 자세하게 노트를 써 주는데, 보통 사람은 읽어도 전혀 알 수가 없어서 읽을 수 있는 논문의 형태로 해독해서 다시 써야 해요. 그래서 조수라고 해도 보통 사람에게는 불가능한 일이죠. 제가 그 조수를 했다는 건, 뭐 조금은 자기 자랑인지도 몰라요."

나는 소데야마 씨, 아리마 씨와 얼굴을 마주 보며 조심스레 확인한다.

"후치노 씨. 참고로 지금 말씀하신 '보통 사람'은……."

"아아, 그러니까 보통 전문가, 일반적인 수학자죠."

수학자가 되는 것조차 높은 벽이 있는데, 그것을 훨씬 뛰어넘은 외계인까지 존재할 줄이야. 수학의 계층은 깊다.

여기서 후치노 씨의 글을 조금 발췌하려 한다.

수많은 사람에게 있어서, 수학을 이해하는 데 발목을 잡는 것은 수학에 대한 공포심이 아닐까. 적어도 내 경우 새로운 수학 이론을 공부하기 시작했을 때 그 이론이 '자신의 손바닥 안에 들어온다'는 감각(또는 착각?)을 느낄 수 없으면 아무것도 손에 잡히지 않고, 앞으로 나아갈 수 없는 일이 많다. 이는 이성적인 이해의 문제라기보다는 공포심 극복에 가까운 듯하다. 이 심리적 갈등은, 가령 사하론 셸라흐의 새로운 일을 이해해야만 할 때 절정에 달할 가능성이 있다.

나는 이 글을 읽고 놀랐다. 후치노 씨도 수학을 무섭다고 생각하는 순간이 있고, 그 대상이 바로 사하론 셸라흐 선생인 것이다.

"그런 의미에서 위에는 위가 있고, 나 또한 위에 있는 사람과 비교하면 완전 꽝인 점이 있어요."

"그럴 때는 어떻게 하나요? 어떻게 하면 좋은가요?"

나는 후치노 씨를 알고 싶다는 마음과, 나 자신이 어떻게 하면 좋을지 가르쳐 줬으면 하는 마음에 질문했다.

후치노 씨는 눈꼬리를 내리더니 시원하게 대답했다.

"내가 할 수 있는 일을 하는 수밖에 없죠."

단 한 마디였지만 수학 전선에서 줄곧 싸워 온 무게가 느껴졌다.

글은 이런 식으로 이어진다.

수학이 무섭다는 감각은, 그러니까 결코 다른 사람의 일이 아니다. 그렇다면 정면으로 맞서 나가는 방법 외에 다른 대처법은 없는 것 아닐까? 정신 건강상 그다지 건강한 일은 아닐지도 모르지만.

자신의 능력이 닿는 범위에서 가능한 일을 계속한다. 비단 수학뿐만 아니라 인간이 살아간다는 일이 그런 것인지도 모른다.

엄청나게 기쁘고 즐거운 일

나는 마지막으로 확인하기로 했다. 이미 대체로 이해했지만 확실히 확인해 두고 싶었다.

"후치노 씨, 블로그에 수학을 잘 못하는 사람이 서늘해질 법한 글들이 꽤 쓰여 있는데요……."

후치노 씨는 약간 부끄럽다는 듯이 머리를 긁적였다.

"아아, 네. 죄송해요. 그런 사람들이 동물과 마찬가지라든가, 그런 말을 하려는 게 아니에요. 당연히 인간 취급을 하고 싶은 거예요. 하지만 수학이라는 채널에서 커뮤니케이션할 때 수학이 요구하는 지성과 창조성의 기준으로 판단하면, 사람에 따라서 엄격하게 말해야 할 때도 있어서……."

"후치노 씨에게 있어서는 역시 모두가 수학을 잘하고, 마찬가지로 이야기할 수 있는 세계가 이상적인가요?"

"뭐, 그런 상황이 되면 수학자라는 직업이 없어져 버릴 테니까 그것도 곤란하겠죠. 하지만 이상적인 사회가 구성될 때, 수학을 모르는 사람의 사회 구성원이 되는 시나리오와 모두 수학을 이해하고 당연하게 여기는 시나리오가 있다면 역시 후자를 택하고 싶네요."

"수학 이야기도 나누고, 물론 다른 이야기도 하면서 서로를 이해하는?"

"네. 무척이나 기쁘고 즐거울 것 같아요."

고개를 끄덕이는 후치노 씨의 얼굴 한가득, 최고로 환한 웃음이 떠올라 있다.

후치노 씨에게는 내가 안고 있던 공포도, 학생들의 공포도 훤히 들여다보였으리라.

수학 공포증이 있는 사람이 후치노 씨를 어떻게 생각할지는 사람마다 다르겠지만, 하나 중요한 것이 있다. 아래 문장을 읽어 보라. 후치노 씨가 예전 강의 수강생에게 쓴 글이다.

대학 선생 중에는 '어차피 저 녀석들은 이해 못 하니까 어려운 걸 가르쳐도 소용이 없다'라고 말씀하시는 분도 있습니다. 그러나 저는 힘들더라도 날림 강의로 도망칠 생각은 없습니다. 예비지식이 부족하거나 사고 능력의 원천이 다소 부족한 학생이더라도, 집중력만 발휘한다면 제대로 따라올 수 있는 본격적인 강의를 한다는 도전에 진지하게 임하고 있다고 생각합니다. 이걸 얼마나 소화할 수 있는지는 여러분이 도전해야 할 과제입니다.

또한 초보적인 부분부터 시작해서 정성스레 설명하고 있기에 강의 내용은 그다지 본격적인 곳까지는 진행되지 않지만, 그것과 강의를 일본어로 한다는 점을 빼면, 일본의 도쿄대라든가 교토대 등보다 훨씬 수준 높은 외국 대학에서 마찬가지로 강의한다 해도 부끄럽지 않을 강의를 한다는 각오를 언제나 마음에 새기고 있습니다.

후치노 씨는 수학에 정면으로 맞서는 모든 사람의 동지다.

10
['수학이란 이것이다'라고 선을 그어서는 안 되지 않을까?]

아하라 가즈시(메이지대학 교수)

기하학 문양이 그려진 포스터.

나비? 아니, 식물의 잎인가? 작은 무늬가 무수히 모여서 선명한 그러데이션을 이루며 소용돌이와도 닮은 거대한 문양을 이루고 있다. 미술관에 있어도 이상하지 않을 듯하다.

"그건 학생이 만든 프랙털 도형이에요."

이번에는 선반에 이상한 것이 무수히 굴러다닌다. 주황색, 녹색, 분홍, 파랑, 빨강…… 울퉁불퉁, 거칠거칠, 마치 브로콜리나 성게 알 같은 형태를 하고 있어서 손으로 들어 보니 꽤 묵직하다. 인테리어로서는 약간 기묘하고, 그렇다고 다른 쓸모가 떠오르지도 않는다. 보고 있으면 묘하게 흥미롭다.

"그것도 학생이 만든 입체예요. 3D 프린터로 출력한 거죠."

이곳에는 보고 만질 수 있는 물건이 많다. 레고 블록도 있고 구미키자이쿠(組木細工, 네모난 나무조각을 못 등의 금속을 쓰지 않고 조립하거나 해체하는 완구. 이른바 입체 퍼즐—옮긴이)도 있고, 보드게임이나 유행하는 만화도 있다. 뒤에 것은 그냥 취미인지도 모르지만, 일단 수학 연구실이라고는 생각할 수 없을 정도로 왠지 즐거워 보이는 분위기다.

여기는 메이지대학 종합수리학부 아하라 교수 연구실이다.

대충 해도 되는 수학

기하학이라는 말을 들으면 어떤 이미지가 떠오르는가? 정삼각형 그리기라든가, 이 각도가 몇 도인지 재 본다든가, 삼각자와 컴퍼스로 무언가를 다양하게 한 것 같기도 하다.

올려다볼 정도로 키가 큰 아하라 가즈시 선생님은 부드러운 몸짓과 말투로 가르쳐 주었다.

"그건 고전 기하, 혹은 초등 기하라는 분야예요. 하지만 그런 건 이미 도마 위에 오르지 않죠."

수학의 분야는 넓고, 다양한 전문가가 존재한다. 크게 나누면 대수, 기하, 해석 세 분야가 있다. 그 기하의 세계도 세분화할 수 있다고 아하라 선생님은 말한다.

"현재 전문적인 기하라고 하면 크게 세 분류가 있습니다. 대수기하, 미분기하, 위상기하예요."

이런 식이다.

겨우 아까 대수, 기하, 해석 세 가지로 나눴는데 대수기하라는, 대체 어느 쪽이냐고 말하고 싶어지는 분야가 나와서 다시 원점이다. 수학 분야는 서로 관련이 있다. 그러나 각기 특색도 있어서 그 위치 관계를 파악하기가 어렵다.

"대수기하는 대수식으로 나타내는 도형의 성질을 연구하는 학문입니다. 대수기하를 공부하고 싶어 하는 사람이라면 보통은 기하가 아니라 대수로 나아가죠. 미분기하는 곡선이나 곡면의 형태를 생각해 나가는 학문이에요. 어떤 형태의 곡면이 있을 수 있는가 하는 연구에서 시작된 학문이죠. 지금은 더욱 차원을 일반화해서 어려워졌지만요. 마지막으로 위상기하인데, 토폴로지topology라는 말을 들어 본 적 있나요? 제가 선택한 건 이 분야입니다."

토폴로지?

생소한 용어와 어려운 단어가 너무 연달아 등장했다. 입을 떡 벌린 채 아무 말 못 하는 소데야마 씨와 나를 안심시키듯 아하라 선생님은 슬쩍 화이트보드를 꺼냈다.

"학부 1학년 때 자주 하는 퍼즐을 소개할 테니, 그걸로 토폴로지에 입문해 보시면 어떨까 싶어요. 문과 분들도 이해할 수 있으니 안심하세요. 그러면 이제부터 선으로 이루어진 도형을 생각해 나갈게요. 그리고 가장 근간이 되는 개념으로써

'동상'이라는 것을 머릿속에 넣어 두세요. 규칙은 딱 두 개."

아하라 선생님은 쓱쓱 펜을 움직인다.

"첫째. 선의 방향이나 길이, 그리고 꺾임, 굽어짐, 그런 건 완전히 무시합니다. 그래서 방향이 다르더라도 구별하지 않아요. 길거나 짧은 것도 구별하지 않아요. 꺾여 있어도 굽어 있어도 쭉 뻗어 있어도 구별하지 않습니다."

화이트보드에 짧은 직선, 긴 직선, 톱니바퀴처럼 구불구불한 선, 낭창낭창하게 굽은 선이 그려졌다.

"즉, 이들 선을 모두 같다고 생각하는 거죠."

오호. 소데야마 씨가 눈을 깜박인다.

"규칙 두 번째. 선과 선의 연결 상태라고 할까요……? 교차점이나 원이 있다고 치죠. 이건 모두 무시하지 않아요. 제대로 문제 삼습니다."

이번에는 십자와 T자, 두 개의 평행선, 그리고 동그라미 등이 그려졌다.

"이건 모두 다른 것이에요. 연결 상태가 다르니까요."

문제로 삼는 점과 신경 쓰지 않는 점을 정해서 형태를 파악해 가는 것이 위상기하학인 듯하다.

"이 두 규칙으로 같다고 말할 수 있는 것을 동상이라고 부릅니다. 구체적인 예를 들어 볼게요. 히라가나로 말하자면 'く'와 'し'는 동상이에요. 그밖에도 이것과 동상인 히라가나가 있는데 아시겠어요?"

흐음. 즉 선 하나로 구성된 글자를 찾으란 말인가? 나와 소데야마 씨는 각각 머리를 짜냈다.

"'へ'?"

"네, 정답이에요."

"'つ'는요?"

"네, 맞아요."

이 두 개까지는 금방 도달했지만 그 후부터는 조금 시간이 걸렸다.

"'ん''ろ''ひ''て''そ'. 꽤 있어요……."

이렇게 많은 문자를 '같다'고 생각해도 좋은 것이다. 좀 거칠다는 생각도 들지만 새로운 발상에 어딘지 모르게 두근두근한다.

아하라 선생님은 화이트보드를 일단 지우고 이어 말했다.

"그럼 조금 난이도를 높여 볼까요. 'せ'와 동상인 히라가나는?"

도저히 바로는 나오지 않는다. 으음, '동그라미'가 있으니 'ま'는 아니다. '십자'가 두 개 있고 '동그라미'가 없는 모양…….

답은 'も'와 'を'였다. 'を'가 'せ'의 친구라니, 왠지 문자들이 새로운 표정을 보이기 시작하는 것만 같다.

"'お'의 동상은요?"

동그라미가 하나, 십자 두 개, 떨어진 선이 하나. 이건 'は'와 'む'가 동상이다.

나는 휴우 한숨을 쉬면서 말했다.

"이건 얼마든지 퍼즐을 만들 수 있겠네요."

네, 네, 하고 아하라 선생님은 고개를 끄덕였다.

"1학년을 상대로 연구실 소그룹 지도를 할 때는 여기에서 한자로 가요. 도안을 그린 후 이것과 동상인 한자는 무엇인가? 이런 식으로요. 그리고 연구에서는 그것을 곡면이라든가 입체처럼 더욱 차원이 높은 형태로 생각해 나가죠. 이것이 토폴로지, 위상기하학이에요. 'お'의 일부를 흐느적하게 굽혀서 'む'로 만들어도 돼요. 선과 선의 연결 상태를 바꾸지 않는 범위에서 대충 해도 좋은 수학, 그런 원리에서 시작되는 기하학이에요."

수학인데 철사를 구부리거나 점토를 주무르는 것 같아서 왠지 공작 같다.

"수학이란 엄밀한 것이라고 생각했는데……."

나도 모르게 새어 나온 말에 아하라 선생님은 "아뇨, 엄밀해요"라고 대답하며 쓴웃음을 지었다.

"하지만 왠지 엄청 자유로운 느낌이 들어요. 이 부분은 자유롭게 해도 좋고 여기부터는 엄격히 따져야 한다, 그런 점이 엄밀한 걸까요?"

"맞아요. 역시 수학은 수학이라서 교과서에는 아까 본 두 개의 규칙을 제대로 식을 사용해 정의하는 방법도 쓰여 있어요. 다만 훈련을 꽤 쌓지 않으면 의미조차 알지 못하죠. '교차점이란 무엇인가?' 같은 부분부터 모두 제대로 해 나가니까요."

재미있는 사고방식이다.

히라가나들을 토폴로지의 눈으로 바라보는 순간 'せ, も, を' 그룹과 'お, は, む' 등 전혀 새로운 종류로 구분하는 법이 보인다. '이 글자에는 동그라미가 이런 곳에 있어', '이쪽은 십자가 두 개 있어' 등 전혀 신경도 쓰지 않았던 점에 주의가 향한다.

이 감각은 가까운 일상에서도 넘치는지 모른다. 가령 마트에 가면 채소 코너와 과일 코너로 나뉘어 있다. 그러나 왜 같은 박과인데 오이는 채소고 수박은 과일인지 모르고, 토마토가 채소인지 과일인지 분류로서는 애매할 터이다. 그래도 우리는 당연하다는 듯 종류를 구분하여 장을 본다.

괜찮은 거다. 여기서는 생물학적인 분류를 무시해도 괜찮고, 요리에서 쓰이는 용도만을 문제로 삼고 있는 거다. 그러므로 만가닥버섯 같은 건 균류인데 채소와 동상의 얼굴로 전골 코너에 진열되어 있다. 그렇게 하면 쉬워지는 면이 있다.

"수학이라는 한 단어에 여러 의미가 있네요."

소데야마 씨가 감탄했다.

죽창으로 미국과 싸우던 시절

"수학자는 초등학생 때부터 되고 싶었어요. 졸업 문집 장래희망에 '수학자'라고 썼으니까요."

가볍게 안경 위치를 고친 후에 아하라 선생님이 말한다.

"무척 이른 시기부터였네요. 이유가 뭐였나요?"

"왜였을까요. 다양한 책을 통해, 아마도 쓰루카메잔(鶴亀算, 수학 사칙 계산 응용문제 중 하나. 학 · 거북의 합계 마리 수와 그 발의 합계 수로 각기 몇 마리인지를 계산해 내는 따위의 산수 셈—옮긴이) 같은 것으로 기억하는데, 뭔가 확 온 거죠. 나는 이 길로 가야겠다는 확신?"

아하라 선생님은 이후 중고 일관교(일본에서 중학교, 고등학교 6년 과정을 통합해 운영하는 학교—옮긴이)로 진학해 수학 연구회에 들어간다.

"세 살 위로 후루타 미키오 씨라는 분이 있는데. 지금 도쿄 대학 대학원 교수예요. 중·고등학교 수학 동아리였는데도 전문 연구가 진행되는 본격적인 수학을 공부했어요. 1학년짜리가 들어오면 '자, 우선' 하면서 대학 3학년 과정에서 하는 강의를 상급생이 해 줘요. 갑자기."

하하하. 아하라 선생님은 통쾌하게 웃었다.

"그런 동아리였기에 꽤 감화되었어요. 그곳에서 내 실력이 갈고닦여졌구나 하고 생각하죠. 학생들과 이야기를 해도 느끼는데, 이런 만남이 있으면 대부분은 수학을 좋아하게 돼요. 싫어지는 사람은 거의 없죠."

이런 멋진 만남이 아하라 선생님을 더욱 수학에 빠지게 만든 것이다.

"그러면 아하라 선생님은 수학이 싫어진 적은 없는 거네요."

너무도 "물론이죠"라고 답할 것 같은 온화한 표정의 아하라 선생님이지만 같은 표정으로 즉답했다.

"아뇨. 실은 2년 정도 싫어진 적이 있어요."

"헉……. 대체 무슨 일이 있었죠?"

"석사 논문 때였죠. 수학이 너무 어려웠어요. 그래도 이건 누가 잘못한 게 아니에요. 이른바 현대적인 수학 연구라는 것은 20세기 초반 정도부터 본격적으로 시작됐어요. 그리고 급격히 발달해요. 토폴로지에 관해서 말하자면, 1940년대부터 1950년대에 걸쳐 다양한 계산 방법이 제안돼요. 아까 푼 히라가나 문제에서도 '동그라미가 있으니 이 둘은 동상이 아니다' 같은 것이 있었잖아요. 동그라미의 개수를 수학에서는 '1차 베티 수'라고 말해요. 이 베티 수처럼, 복잡한 도형이라도 동상인지 아닌지를 계산하는 방법이 점점 고안된 거지요. 이 시기에 천재들이 미국에 모여 있었다고도 해요. 다만 그 탓에 나중에 온 사람에게는 너무 어려워진 거죠."

아하라 선생님은 곤란하다는 듯 눈썹을 팔자로 만들어 보였다.

"가령 도형을 구별하는 방법이 열 개 정도 있다고 치고, 하나 이해하는 데 10년이 걸린다면 살아 있는 동안 따라가지를 못하잖아요. 제가 대학에 들어간 1982년경에는 그것에 가까운 상태였어요. 학부 4년 동안 이제까지의 토폴로지를 전부 공부하는 일이 거의 불가능했죠. 물론 이해력이 빠른 사람도 있지만 그런 사람은 제쳐 두고, 보통은 무리예요. 현재의 수학도 마찬가지죠. 그래서 누가 잘못했다기보다는 수학이 어려워진 거예요."

현재 완성된 수학을 익히는 것만으로도 어렵고, 새로운 이론을 만들어 내는 일은 터무니없이 어렵다. 아하라 선생님은 이어 말했다.

"그래서 제 경우는 학부를 졸업한 뒤 석사에 진학하고 2년간 몸부림치며 괴로운 나날을 보냈어요. 지도 교수님도 '그럼 최신 논문을 읽게'라며 주시는데 도저히 종잡을 수가 없는 거예요. 그래도 연구실 발표는 매주 해야 했죠. 정말 어떻게 살아가면 좋을까 싶었어요. 그 무렵에는 수학이 괴로웠어요."

전환기는 박사 과정에 진학하면서 찾아왔다고 한다.

"살짝 제 방향성이 보였어요. 연구 주제로 컴퓨터를 골랐죠. 당시 컴퓨터로 수학을 하는 사람은 거의 없었어요."

윈도Windows 운영체제가 처음 발매된 때가 1985년이니 정말 여명기다.

"미국에 지오메트리 센터Geometry Center라는 곳이 생겨서, 대형 컴퓨터를 이용해 문제를 풀려는 프로젝트가 겨우 나왔을 무렵이죠. 저는 일본에서 고군분투했어요. 그쪽에서는 우수한 수학자를 모아서 '그거다!'라고 외치고 있을 때, 혼자서 조금씩 프로그램을 짜서……. '아하라는 죽창을 갖고 싸우고 있네'라는 말을 들었죠."

기묘한 표정으로 웃는 아하라 선생님.

"30분 정도 CG를 만들기도 했지만, 그림 한 칸을 그리는 데 8초에서 10초 걸려요. 1초에 여덟 칸이 필요하니까…… 음, 1만4400칸인가요? 정말 아득해지네요. 그런 청춘을 보냈죠."

당시 아하라 선생님이 사용한 NEC컴퓨터보다 지금 수많은 사람이 가지고 있는 휴대전화 쪽이 압도적으로 성능이 좋다. 불과 30년 정도에 그렇게 세상이 바뀐 것이다.

"그때는 '컴퓨터 같은 것을 사용해도 논문은 안 될 거야'라는 말을 들었어요. 컴퓨터로 계산해도 증거가 안 되고 증명이 안 된다는 사고방식이었죠. 지금도 떠올리곤 해요. 당시 도쿄대에는 엄청나게 무서운 대수기하 선생님이 계셨어요. 엘리베이터를 함께 탔을 때 인사를 안 했더니 얻어맞았다는 일화도 있는…….”

“아, 그런 직접적인 무서움이었어요?”

“네. 물론 학문에도 매우 엄격한 선생님이에요. 대수기하는 컴퓨터를 쓰지 않는 분야예요. 대신 컴퓨터 역할을 하는 정리가 많이 있는데, 그래서 천재가 모이는 곳이라는 느낌을 주죠. 그곳에 있는 사람에게는 성스러운 후광이 비친다고나 할까, 그런 인상도 받아요. 물론 존경의 의미지만 정말 무서워요.”

“수학 중에서도 약간 특별하네요.”

“제가 컴퓨터에 식을 넣어서 계산하면 도형의 형태를 알 수 있다는 논문을 박사 논문으로 냈어요. 그랬더니 발표회에서 그 선생님이 ‘자네 정말 컴퓨터를 써서 도형의 형태를 알아냈나?’라고 질문하셨죠.”

아하라 선생님이 식은땀을 흘리는 모습이 보이는 듯했다.

“그래서 어떻게 됐나요?”

“약간 비겁한 표현인지도 모르지만 ‘가능해요’라고 말했어요. 가능합니다, 라고 우겼죠. 무서웠어요. ‘으음, 그럼 어쩔 수 없군’ 같은 느낌으로 받아들여졌지만요.”

“그래도 신기하네요. 저는 인간이 계산하는 것보다도 계산기로 계산하는 편이 확실하다고 생각하게 돼요. 그래서 컴퓨터로 계산해서 결과가 나온다면 오히려 안심이 된다고 생각할 텐데요.”

“그렇죠? 그래서 시대가 변했다는 거예요.”

아하라 선생님은 얇고 가벼워진 노트북을 흘깃 보았다.

“나도 단순히 컴퓨터로 계산하는 것만으로는 증거가 되지 않는다고 생각하기는 해요. 다만 현상을 볼 수는 있죠. 수학에는 뭐가 일어날지 결론조차 잘 모르는 문제가 꽤 많아요. 그럼 우선은 컴퓨터로 시뮬레이션하거나 시험 삼아 계산해 보는 것이 현재의 발상이에요. 거기에서 뭔가 번뜩일 때도 있으니까요.”

컴퓨터가 발달한 결과 수학의 도구로써 이용되기 시작했다. 시대가 아하라 선생님을 따라잡았다고도 할 수 있다.

“2000년 정도까지는 ‘컴퓨터를 이용해 수학을 했다’는 주제는 좀처럼 논문으로 쓰지 못했어요. 그래도 시대와 함께 서서히 바뀌었죠. ‘4색 문제’라는 난제는 컴퓨터에 의해 풀렸어요.”

4색 문제란 색을 나누어 칠하는 것에 관한 문제다. 색을 입힌 세계지도를 상상해 보기 바란다. 미국과 멕시코처럼 인접하는 국가는 같은 색으로 칠하지 않기로 한다. 그러면 어떤 지도가 주어진다 해도 이 규칙을 지킨 채로 나누어 칠하기 위해서는 몇 가지 색이 필요할까?

복잡한 지도를 생각하면 꽤 많은 색이 필요한 것 같지만, 시험 삼아 색연필로 칠해 보자 의외로 적은 수로 칠할 수 있다는 사실을 알 수 있다.

"실은 네 가지 색만 있으면 아무리 복잡한 지도라도 칠할 수 있다는 것이 증명되었어요. 다만 이 증명 과정에서 수천 가지 경우의 수를 전부 수작업으로 칠해야만 했죠. 한 가지 양식을 칠하는 데만도 엄청난 시간이 걸리는데, 수천은 도저히 할 수가 없죠. 그걸 컴퓨터로 단축했다는 논문이었어요."

시대와 함께 도구도 바뀌고 수학도 바뀐다. 분명 앞으로도 변해 갈 것이다. 나는 물어보았다.

"몇 년쯤 지나면 수학에서 컴퓨터가 인간을 뛰어넘을 때가 올까요?"

"그런 연구는 이미 꽤 하고 있어요. 인공지능으로 정리를 증명한다든가, 그걸 위한 소프트웨어 같은 거죠. 그래서 기계증명이라는 분야 하나가 완성됐을 정도예요. 뭐, 지금은 인간을 뛰어넘지 못하고 있지만요."

수학도 수십 년이 지나면 깜짝 놀랄 정도로 바뀔지 모른다.

울면서 수백 장의 종이를 붙였다

아하라 선생님의 연구 분야는 꽤 독특하다.

“저는 논문이 적어요. 수학 학습 지원 소프트웨어를 만들거나 기획에 협력하는 일처럼 논문으로 쓰기 어려운 일들을 하고 있거든요.”

패션 브랜드 이세이미야케의 2010-2011년 F/W 파리 컬렉션 테마는 ‘푸앵카레 오디세이’. 무려 푸앵카레 추측과 기하학 가설이라는 수학상의 문제를 의상 디자인에 접목한다는 대담한 시도였다. 이때 디자이너들에게 수학 코칭을 한 사람도 아하라 선생님이었다.

“그 외에도 이런 것을 만들었어요.”

별안간 별실에 들어가더니 곧바로 뭔가를 가지고 나타난다. 우리의 눈은 아하라 선생님이 손에 들고 있는 것에 붙박였다.

“그건 뭔가요?”

참으로 신기한 물체다. 비유하자면 무지갯빛 눈의 결정, 중심 부근을 도려낸 산호, 연구실에서 배양 중인 괴생물.

“종이 공작이에요. 하이프레인이라는 다면체죠. 아, 죄송해요. 약간 방치했던 물건이라 다면체 먼지가 됐네요.”

아하라 선생님은 표면의 먼지를 쓱쓱 털어 낸 후 우리에게 그 물체를 건넸다.

종이로 만들어진 무수한 작은 삼각형이 균체처럼 100장 가까이 조립되어, 흐늘흐늘 또는 깔쭉깔쭉하게 어딘지 생물을 연상시키는 구조를 이루고 있다.

"보통 다면체라고 하면 둥근 형태랄까 별 모양이랄까, 그런 것을 떠올리곤 하죠."

"네. 축구공이라든가 면이 엄청 많은 주사위라든가……."

"이건 굳이 주름졌달까, 그렇게 되는 각도를 선택해서 삼각형을 맞대어 만들어요. 삼각형의 각도는 54도, 63도, 63도로 결정되어 있어요. 이등변삼각형이죠. 이 물체는 통 모양이지만 목이버섯이나 상추 같은 모양으로도 만들 수 있어요. 붙이는 방법을 바꾸면요."

"이거, 삼각형에 각기 다른 색이 칠해져 있어서 아름답긴 한데, 여기에 의미가 있나요?"

"그냥 취미예요."

"아, 그렇군요."

아하라 선생님은 다면체를 멋지게 만들고 싶었던 모양이다.

"이건 학생과 이야기하다가 떠올린 거예요. 정칠각형을 면으로 하는 다면체를 만들자는 이야기였던 것 같은데, 각도가 남아서 흐물흐물해지기 때문에 만들 수 없었어요. 안 되겠다고 말하려는데, 그때 문득 '이런 식으로 각도를 나누면 어떨까?' 하는 생각이 뇌리를 스쳤어요. '할 수 있어, 해 보자'라고 생각했죠. 그리고 실제로 만들어 본 결과 이런 식으로 다양한 모양이 만들어진다는 사실을 알아냈어요."

머릿속에서 번뜩이고 실제로 손도 움직이고.

"왠지 만들기 시간 같아서 재미있네요."

"그러네요. 떠올릴 때라든가 만들기 시작할 때는 무척 즐거워요. 다만 이 정도 규모가 되면……."

아하라 선생님은 커다란 프라모델 정도의 하이프레인을 뚫어지게 바라보았다.

"중간부터는 울면서 만들었어요. 만드는 데 두 달 정도 걸렸죠. 삼각형이 몇백 개는 되거든요. 한 장의 전개도로 그릴 수 없는 구조여서 하나하나 삼각형을 종이에서 잘라 내 목공용 본드를 발라서 핀셋으로 붙여 말리면서 만들어야 해요. 죽을 만큼 힘들어요. 집중력도 필요하고요."

왠지 아하라 선생님은 학생 시절부터 계속 고독한 싸움을 강요 받은 듯하다.

"이 하이프레인을 다룬 책을 썼을 때, 서점 직원께서 하이프레인을 팝업 대신 두고 싶다는 말을 하셨어요. 뭐, 하나 정도는 만들어도 좋겠다 싶어서 승낙했죠. 그랬더니 다섯 개를 만들어 달라는 거예요……."

아하라 선생님은 머리를 긁적이며 쓴웃음을 지었다.

"그것도 울면서 만들었죠."

하이프레인이라는 이름은 아하라 선생님이 붙인 것이다. 기하학 용어인 쌍곡평면hyperbolic plane에서 따왔다고 한다.

"자신이 이름을 붙인 수학 개념이 있다는 건 조금은 자랑스럽죠. 뭐, 나중에 '아하라Ahara'라든가 그런 이름으로 하면 좋았겠다 싶기도 했지만요."

수많은 자작 종이 공작품에 둘러싸인 아하라 선생님은 행복해 보였다.

수학의 가치는 애매하다

"그런데 이게 논문이 되느냐고요? 안 돼요."

"헉."

어렵게 우리도 이미지로 떠올릴 수 있는 수학 이야기라고 생각했는데.

"아, 하이프레인은 논문으로 쓰긴 했어요. 같은 성질을 지닌 다면체를 조사해서, 쌍곡평면을 다면체에 근사하는 '하이프레인 다면체'로 제안할 수 있다는 내용의 논문이 되었죠. 다만 애초에 논문이 된다거나 잡지에 실릴 만한 것은 아니에요."

"즉 수학 연구로서 '핫'한 것이 아니란 말씀이신가요?"

"그렇죠. 앞에서도 말했다시피 지금 연구자가 하는 수학이라는 것은 무척 어렵게 되어 있어서요. 하이프레인 같은 건 그에 대한 안티테제적인 측면이 있죠."

하지만 하이프레인도 도형 문제다. 내게는 충분히 수학이라고 생각되는데, 논문으로 쓸 수 있는지 여부는 어떤 식으로 결정될까?

논문을 잡지에 실을 수 있는지 없는지를 사전에 심사하여 판단하는, 사독(査読)이라는 것이 있다. 실제로 사독을 해 본 경험도 있다는 아하라 선생님에게 의문을 제기해 보았다.

"사독에서는 우선 그 논문이 수학으로서 올바른지 아닌지를 확인해요. 그러고 나서 적절히 표현되어 있는지도 의외로 보죠. 가령 소설에서도 독자층은 이 정도 연령대니까 그에 맞춰 읽기 쉽게 쓰기도 하잖아요. 학술 논문에도 그런 게 있어요."

"그래도 학술 논문의 독자란 수학자잖아요?"

"네. 그래서 동시대의 평균적인 연구자가 읽기에 쉬운 논문이 되었느냐가 중요해요. 내용이 정확했더라도 너무 세세한 부분까지 적어 놓으면 조금 간결하게 다듬는 편이 좋죠. 반대로 내용이 너무 띄엄띄엄 전개되면 보충하는 편이 좋고요. 사독자는 그런 부분들도 확인해 나가죠. 영어 문법이 틀렸는지 같은 것도요."

과연. 수학자라고 싸잡아 말하지만 연구 분야에서 그 능력까지 다종다양한 것이다. 그러나 수학 논문을 쓰는 데도 소설과 마찬가지 것을 생각할 줄이야.

아하라 선생님은 가볍게 한 손을 들어서 이야기를 이었다.

"그래서 거기부터예요. 가치죠. 사독자는 수학 논문으로서 가치가 있는지 없는지를 제대로 파악해야 해요. 이 가치라는 것에는 몇 가지 의미가 있어요. 역사상 최초인가, 어려운가, 수많은 사람, 즉 대부분 수학자가 흥미를 지닐까 등이죠. 수학으로서 올바르고 영어나 문장에도 문제가 없고 수학사상 새로운 정의라 하더라도, 이런 건 누구도 흥미를 보이지 않는다며 탈락하는 경우도 있어요."

나는 책상 위를 굴러다니는 무지갯빛 종이 공작을 흘깃 보았다.

"하이프레인은 거기에서 걸려요. '이런 개념을 만들어 봤습니다'라는 논문이라면 '그런 거, 만들려면 얼마든지 만들 수 있잖아'라고 나오는 거죠. 그 새로운 개념이 세상에 나옴으로써 모두가 머리를 싸매는 문제가 해결된다든가, 그 논문이 열어젖힌 길을 누군가가 따라 걸어 이후에 이어지는 논문이 나타날 것 같다든가 하는 점을 보는 거예요."

소설도 참신하다고 해서 사람들이 사 주는 것은 아니다.

"하지만 누가 어느 정도 흥미를 보이느냐 하는 문제는 결국 주관적인 판단이잖아요?"

아하라 선생님은 미소 지었다.

“그렇죠. 유행도 있고요. 수학의 알맹이는 엄밀해야만 하지만, 수학의 가치에 관한 엄밀한 정의는 없어요.”

이런 말을 하면 화낼지도 모르지만, 이라고 아하라 선생님은 전제를 달고 말한다.

“위대한 선생님이 그렇게 말했으니 가치가 있다든가, 그런 일도 있을 수…….”

으음.

나와 소데야마 씨는 서로 마주 보았다.

뭔가 묘하게 친근한 이야기가 되었다.

‘책’도 그러하다. 권위 있는 상을 받은 책이 갑자기 팔려 나가는 일은 종종 있다. 그러나 엄밀한 가치의 정의는 독자 마음속에만 있고, 누군가가 결정할 일도 아니다. 그렇다고 상이 무의미하냐 하면 그렇지 않다. 좋은 책을 찾기 위한 지표로써 필요하다. 어딘지 애매한 형태로 성립하는 세계다.

“그리고 이건 좀 다른 이야기인데요, 그것이 수학 논문인가 하는 점도 중요해요. 수학의 문제가 논의되어 있는지, 수학의 방법으로 해결되어 있는지 하는 문제죠. 저도 논문이 탈락한 적은 있어요. 이건 컴퓨터 논문일 수는 있겠지만 수학 논문은 아니라고요. 그래서 4색 문제가 컴퓨터를 이용해 풀렸을 때도 그건 수학의 기법으로서 과연 어떤가 하는 논의가 제기되었어요.”

나는 몸을 앞으로 숙였다.

"그래도 잠시만 기다려 보세요. 시대와 함께 수학 기법도 바뀔 테니까요. 그리고 컴퓨터처럼 새롭게 도구로써 인정받는 것도 나올 테죠."

손으로 쓴 원고지밖에 받지 않았던 문학상이 워드 파일에 대응하고, 나아가 휴대전화 소설이나 웹 소설 같은 것도 문학으로서 인정받게 되었듯.

"수학은 날마다 변화하고 있다는 얘기네요. 그러면, 무엇을 수학의 문제라고 판단하죠? 4색 문제도 지도를 색칠하는 이야기니까, 수학이라기보다는 어딘지 미술이나 예술 이야기 같은 기분도 드는데요……."

"흠, 4색 문제는 그래프 이론이라는 수학의 명제로 적용시킬 수 있어요. 수학 명제와 같은 의미의 문제이므로 그건 수학 문제라고 할 수 있죠."

"명제로 만들 수 없으면 수학 문제가 아닌가요?"

으음, 하고 아하라 선생님은 잠시 머뭇거렸다.

"그건…… 회색 지대죠. 아무도 모르는 문제고 본 적도 없는 수학 이론이니까, 그것이 수학이라는 주장이 나온다면…… 미묘하죠, 네."

결국 그것도 대충 분위기로 결정된다는 얘기일까?

"다만 수학자가 '수학이란 이것이다'라고 선을 그을 수는 없는 것일까, 라고도 생각해요. 과거 갈루아라는 수학자가 매우 훌륭한 논문을 썼지만, 너무 새로운 내용이어서 당시 수학자들이 이해할 수 없었어요. '이건 수학이다'라고 누구도 생각하지 못한 거죠. 하지만 지금은 누구나 갈루아 이론을 공부하고, 그것이 현대 수학의 중요한 일부가 되어 있어요. 그런 일이 역사상 일어나요."

나는 흐음 하고 고개를 끄덕였다.

소설이란 이런 것이다, 라고 단정하는 것은 어리석은 짓이다. 누구나 자신이 믿는 바를 좇아서 매일 해 나갈 수밖에 없다. 무엇이 소설인가. 무엇이 수학인가. 계속 생각할 수밖에 없는지도 모른다.

수학자라고 소개하자마자 세 걸음 뒤로 물러났다

문득 아하라 선생님이 말했다.

"그러고 보면 제 스승은 제목이 정해지면 논문은 절반을 쓴 것이나 다름없다고 하셨어요."

"제목만으로요? 왜요?"

"제목만 보면 풀 수 있을지 없을지 안다는 거죠. 바둑이나 장기처럼요. 완전히 독파하고 있지는 않지만 이건 틀림없이 막힐 거라든가. 미지의 대상에 대한 감이죠. 그것이 논문을 쓰는 능력이기도 해요."

일리가 있다. 제목이 완성되었다는 것은 '이건 어떻게든 풀 수 있을 것 같아'라고 언어화하는 작업과 마찬가지인 셈이다.

"수학이라는 건 연역적으로 쌓아 올린 결과, '여기에 뭔가가 있었다'는 느낌이 아니에요. 우선 '여기구나'라고 정하는 거죠. 그리고 '그곳에 가려면 이렇게 해야 해' 하면서 아이디어를 파악하는 느낌이랄까요?"

아하라 선생님은 사선으로 시선을 들어 허공을 바라보았다.

"산을 봤을 때 '아, 여기부터라면 오를 수 있겠다' 하는 느낌이 딱 오는 그런 감각과 비슷한지도 모르죠. 실제로 오를 수 있을지는 해 보지 않으면 모르잖아요. 최근에는 수학이 아름답다는 감각이란 게 바로 그런 부분이 아닐까 하고 생각해요. 순간 번뜩이고 깨달은 것을 풀어 헤치다 보면 매우 논리적으로 설명할 수 있게 되거든요. 그 전체적인 작업이 참 기분 좋아요. 그 감각이 아름다운 언어가 되어 세상으로 나아가는 거겠지 싶어서요."

"그런 감각은 인간이라면 누구나 지니는 걸까요?"

"네. 그렇게 특별하거나 별난 감각은 아니라고 생각해요."

하아, 하고 입을 벌린 나에게 아하라 선생님은 말했다.

"수학자는 약간 가까이하기 힘들다고 하더라고요. 최근에는 그렇지도 않지만요. 예전에 '수학자입니다'라고 자기소개를 했더니 세 걸음 뒤로 물러난 사람이 있었다니까요. 정말로 물러났어요. 뒷걸음질 친다고 하죠, 그거. 하지만 그게 일반적인 반응이에요."

약간 긴장하게 되는 감각. 나도 알 것 같다. 하지만 지금은 그럴 필요가 없다는 사실도 안다.

수학이란 의외로 부드럽다. 물론 알맹이는 엄격해서 바늘 하나 꽂을 틈도 주지 않는다. 그러나 그 방법이나 가치, 유행은 시간의 흐름에 따라 바뀐다. 애초에 수학이란 무엇인지조차 사람에 따라 애매하다.

왜냐하면 우리의 일상과 마찬가지로 수학이란 인간이 하는 일이기 때문이다.

아하라 선생님은 하이프레인 종이 공작을 휙 들어 올렸다.

"그래서 이런 도형을 보면서 로망을 느낀다거나 꿈을 펼친다면, 저로서도 거기에 공감하게 되죠."

"역시 가능하다면 자신이 하는 일을 다양한 사람들이 알아줬으면 하는 마음이 수학자에게도 있나요?"

아하라 선생님은 네, 하고 답했다.

"있다고 생각해요. 그런 데는 관심 없는 사람도 있겠지만요. 저는 전자예요."

아하라 선생님의 기하학 강의를 들은 이세이미야케의 크

리에이티브 디렉터(당시) 후지와라 다이 씨는 인터뷰에서 이렇게 말했다.

"이번 수학의 세계는 그림으로 그리기도 힘들었어요. 그림으로 그리지 못하는 세계가 있다는 사실을 알았다는 게 디자이너로서 약간 충격적이었죠."

하지만 그로부터 영감을 얻어서 작업한 2010-2011 F/W 파리 컬렉션은 대성황으로 마쳤다. 기하학 가설을 만든 대수학자 윌리엄 서스턴William Paul Thurston도, 수학에 대해서는 아무것도 모르는 일반 시민도 함께 웃으며 수학과 패션의 융합을 즐겼다.

모르는 세계로부터 세 걸음 뒷걸음하는 것이 아니라 한 걸음씩 나아가 서로 손을 잡을 때, 약간은 즐거운 일이 일어날지도 모른다.

11
[열심히 했지만 그곳에는 아무도 없었다]

다카세 마사히토(수학자 · 수학 역사가)

수많은 수학자를 만나면서 수학에 대한 오해가 꽤 풀린 듯하다. 내 주변에도 수학이 있고, 나 또한 혜택을 받고 있다는 사실도 알게 되었다.

하지만 잊어서는 안 되는 것이 있다.

그래도 역시 수학은 재미없는 분야가 아닐까?

"이야기를 듣는다고 해서 오늘부터 당장 수학을 즐길 수 있는 것도 아니고요."

"저도 '왠지 엄청나게 매력적이고 즐거워 보이고 부럽다!'까지는 느껴지는데, 역시 모르겠는 건 여전하더라고요."

나와 소데야마 편집자는 서로 고개를 끄덕였다.

그런 것이다.

개인적으로 수학책을 여러 권 사서 읽어 보았지만, 좀처럼 집중이 안 된다. 확실히 하나하나 용어를 조사하면서 읽어 나가다 보면 이해는 가능하다. 하지만 '다음이 궁금해!' 하는 마음이 들지 않는 것이 솔직한 심정이다.

이건 우리에게 수학적 재능이 없기 때문일까? 인간으로서 그들과 무언가가 결정적으로 다르기 때문일까? 어느 쪽이든 가지지 못한다면 신 포도가 되고 만다. 수학을 마냥 칭송할 수는 없는, 왠지 답답한 마음이 남아 있다.

그런 때였다.

나는 처음으로 '수학은 재미없다'고 말해 주는 수학자 선생님을 만났다.

수학에 '매력적인 무언가'는 없었다

"지금의 수학은요, 재미가 없어요."

다카세 마사히토 선생님은 마치 오랜 친구와 잡담이라도 하듯, 툭 까놓고 이야기해 주었다. 올해 67세가 되는 다카세 선생님은 고등학교에 들어가기 직전의 봄에 수학에 흥미를 느꼈다고 한다.

"산골에 있는 중학교를 나와서 도시에 있는 고등학교에 갔으니까 기대에 차 있었죠. 교과서를 이리저리 들여다봤는데, 수학 교과서만 왠지 이상한 느낌이 들었어요. 그게 첫 충격이었어요."

분명 수학 교과서는 이질적이다. 이차함수, 부등식, 삼각비, 순열과 조합. 하나하나의 단원이 당돌하게 나타나 어디에서 와서 어디로 향하는지 전혀 알 수가 없다.

역사라면 조몬시대부터 시작해 에도시대, 메이지시대, 그리고 현재로 이어진다는 걸 알 수 있다. 생물을 예로 들자면 우리 주변에는 식물이 있고, 동물이 있고, 그들의 조합은 이렇다 등등으로 이어 갈 수 있다. 나 자신과 혈족이라는 느낌이 든다.

"수학이라는 건 뭐지? 대체 뭘 연구하는 학문이지? 이런 생각이 들었어요. 그래서 고등학교 1학년 때 수학자의 에세이를 읽어 봤죠. 오카 기요시 선생님의 에세이였는데, 거기에 '수학이란 사람의 마음, 즉 정서를 수학이라는 형식으로 표현하는 학문이다'라고 쓰여 있었어요."

"예술적인 표현이네요!"

네, 라고 답하고는 다카세 선생님이 이어 말했다.

"무척 충격을 받았어요. 수학은 ○○이다, 라는 말은 다른 그 어느 곳에도 쓰여 있지 않았어요. 오직 오카 선생님만이 쓰신 거죠. 하지만 무슨 뜻인지는 몰랐어요."

"그러셨군요."

"하지만 뭔가 매력이 느껴졌죠. 그때부터 수학에 관심을 가지기 시작했어요. 더욱 잘 알고 싶다고 생각했죠. 그래도 입시 수학 공부에는 아무런 정서도 표현되어 있지 않다고 느껴졌어요."

"동감이에요."

"다만 문제를 풀 뿐, 딱히 재미있지도 이상하지도 않은 거예요. 아니, 재미가 없는 건 딱히 상관없었어요. 그런데 정서는 어디 있을까, 싶었죠. 뭔가 이상했어요. 하지만 일단 대학에 가면 오카 선생님 같은 수학자가 엄청 많아서 정서 넘치는 세계가 기다릴 것이라고 생각했죠. 그렇게 스스로를 다독거리며 공부했어요."

그렇게 공부해서 도쿄대학에 당당히 합격했지만, 다카세 선생님은 들어가고서 정작 실망했다고 한다.

"오카 선생님 같은 분은 없었어요. 단 한 명도요. 수학도 여전히 재미없더라고요. 수학책을 읽으려 해도, 몇 장 채 넘기지도 않았는데 무슨 말인지 잘 모르겠고요. 뭐라고 뭐라고 적혀 있는 걸 참고 읽었어요. 완벽히 내 것이 될 때까지 수학의 개념이나 기술을 외웠죠. 여기까지만 해도 엄청나게 시간이 걸리지만요. 그러다 보면 언젠가 끝까지 읽어 내기는 해요. 쓰여 있는 명제를 재현할 수 있게 되죠. 하지만 '이로써 나는 뭘 배운 거지? 뭘 이해한 거지?' 하고 자문하면 답할 수가 없는 거예요."

동감이다. 나도 수학책을 읽으면서 비슷한 경험을 했다.

"그래서 지루했어요. 하나 끝내고, 지루해도 또 다음을 열심히 공부해요. 어쩔 수 없잖아요, 그런 게 수학이라면. 오카 선생님이 말씀하셨듯 그 앞에는 정서가 매력적인 무언가가 있다고 믿으며 참고 공부한 거죠. 그런데요, 이제 와서 생각해 보면 그런 건 없었어요. 정서 같은 건 수학에는 없어요. 없는 걸 부여잡고 고집을 부린 셈이죠."

"그래도 다카세 선생님은 수학 연구자로서 애써 오셨네요."

"그렇긴 하지만…… 대학교수로서는 실격이죠. 왜냐하면 재미가 없으니까요. 즉 오카 선생님의 수학이 제가 추구하던 수학인 거예요. 그래서 저는 오카 선생님의 논문을 읽게 되었고, 나아가 수학의 고전을 읽게 되었고, 그렇게 옛날로 거슬러 갔어요. 그래서 수학 역사가로서 살아온 듯한 느낌이에요."

거북이가 벌떡 일어서는 수학

수학사 조사를 시작한 후에도 다카세 선생님의 뜻은 항상 수학에 있었다고 한다.

"요컨대 지금의 수학이라는 건 정서라든가 그런 게 없도록 만들어져 버린 거예요."

"'지금의'라는 건 예전에는 아니었다는 말씀인가요?"

"1930년대부터예요. 제1차 세계대전이 끝나고 조금 지난 무렵부터 지금 같은 방향으로 흘러 버렸어요. 실은 고전 세계를 둘러보면 오카 선생님 같은 사람이 많아요. 그래서 지난 100년 정도의 수학은 방향이 틀렸다고 생각해요."

그렇다면 우리는 태어날 때부터 계속 다카세 선생님이 말하는 틀린 수학을 하고 있는 셈이다. 지금껏 이야기를 들어온 선생님도 틀린 수학 세계에서 살고 있는 사람이 되어 버린다.

"예전 수학과 지금의 수학은 뭐가 다른가요?"

내가 물어보자 다카세 선생님은 이런 에피소드를 들려주었다.

"쓰루카메잔과 연립방정식 같은 거죠. 쓰루카메잔부터 생각해 보죠. 학과 거북이가 합쳐서 10마리 있고 다리가 모두 30개 보인다고 할 때, 학과 거북이는 각각 몇 마리씩 있는가 하는 문제예요. 이때 거북이가 전부 일어섰다고 생각해 보죠. 다리가 4개인 거북이가 두 다리로 일어선 거예요. 그러면 거북이 1마리당 다리가 2개씩 줄어드는 셈이죠. 모두 합쳐 10마리 있으니까 다리의 수는 총 20개가 되고요. 그렇다면 줄어든 다리 수 10개를 거북이 1마리당 개수인 2개로 나누면 거북이가 5마리라는 답이 나와요."

"꽤 재미있는 접근법이네요."

"거북이가 딱 일어선 정경을 떠올린 순간, 바로 풀 수 있죠. 발견의 쾌감과 기쁨이 있어요. 그래도 쓰루카메잔에는 범용성이 없어요. 다른 문제에는 응용할 수 없죠."

확실히 학과 거북이 각각의 머리와 다리 수만 알 때 거북이의 수를 알고 싶은 경우라는 건 삶 속에서 그렇게 빈번히 찾아올 것 같지 않다.

"이걸 대수의 언어로 표현하면 연립방정식이 됩니다. 학을 x, 거북이를 y라고 두고 식을 만들면 $x+y=10$, $2x+4y=30$이라는 두 식이 성립하죠. 그다음에는 등호가 무너지지 않도록 대수의 규칙에 따라 식 변형을 해 나가면 x와 y의 값이 나와요. 이 방식은 여러 가지 문제에 응용할 수 있어요. 식염수 농도에도, 자전거 속도에도, 두 사람의 나이에도, 미지수의 수만큼 식을 만들 수 있으면 풀 수 있죠. 푸는 힘이 매우 강력한 거예요."

확실히 중학교 때 다양한 문장제를 연립방정식으로 치환해서 푼 기억이 있다.

"옛날 수학이 쓰루카메잔이죠. 오카 선생님의 수학에서는 거북이가 일어서요. 하지만 지금 수학은 연립방정식이에요. 푸는 힘은 강하지만 일반화되어 버린 상태죠. 지금까지의 수학은 쓰루카메잔 같은 세계였는데, 최근 그렇지 않게 된 것이죠."

"푸는 힘이 강한 것을 뛰어넘는 무언가는 없지 않나요? 저는 연립방정식을 처음 알았을 때 마법의 도구를 손에 넣은 듯한 기분이었어요."

"물론 그런 테크니컬한 쾌감은 있어요. 그래도 말이죠, 이러한 추상화가 진행되면 감동은 사라지는 법이에요. 그것이 현대 수학이죠."

과연 그렇다.

분명 학과 거북이가 연못 안에서 즐겁게 놀고 있고 갑자기 거북이가 일어서는 모습에는 생생한 정경이 있다. 그것이 x와 y라는 것으로 치환되는 순간, 그것은 아무 말도 없는 무미건조한 기호가 되어 버린다.

이것이 점점 심해지면 다가오는 입시를 위한 수학 참고서를 멍하니 쳐다보다가 '대체 무슨 뜻이야'라고 생각하면서 책장을 넘기는, 그 아무 말도 할 수 없는 지루함으로 이어지는 것일까?

"하나 상징적인 것이 '오카 · 카르탕 이론'이에요. 오카 선생님이 만든 다변수 함수론이라는 수학 분야가 있어요. 이건 프랑스의 수학자 앙리 카르탕Henri Paul Cartan과 서로 자극을 주고받으며 만들어졌다고 할 수 있어요. 이 카르탕이라는 사람은 앙드레 베유Andre Weil와 함께 현대 수학을 만든 사람이에요. 프랑스 수학회 기관지에 오카 선생님의 연작 〈다변수 해석함수에 관하여〉의 일곱 번째 논문이 실리게 돼요. 1950년 권두 논문이었죠. 그다음에 실린 논문이 카르탕의 논문인데요, 오카 선생님의 논문을 1년 정도 걸려 전면적으로 수정한 거예요."

"네? 그럼 같은 논문인가요?"

"논리적으로는 같죠. 하지만 두 논문에는 엄청난 괴리가 있어요. 오카 선생님의 논문은 아까의 비유로 말하자면 쓰루카메잔이고, 카르탕의 논문은 연립방정식이에요. 즉 '오카가 말하는 건 이런 것이다'를 추상화하여 카르탕이 만든 새로운 수학 형태에 편입시킨 것이죠. 이렇게 생긴 것이 오카 · 카르탕 이론이에요. 호몰로지 대수…… 층계수 코호몰로지라는 새로운 대수죠."

즉 옛날 수학과 지금 수학이 서로 스치는 순간 중 하나인 걸까?

"호몰로지 대수는 대성공을 거뒀어요. 다변수 함수론뿐만 아니라 다양한 분야에 응용할 수 있었죠. 수학 세계에 매우 큰 토대를 만들었고, 그 위에 대수기하학 같은 것도 생겨났어요. 난제였던 페르마의 정리를 푸는 일로도 이어졌죠. 이걸로 오카 선생님은 단숨에 유명해졌어요. 업적을 크게 칭찬받았죠. 그런데 말예요."

다카세 선생님이 목소리를 낮췄다.

"오카 선생님은 그 카르탕의 논문을 정말 싫어했어요. 교과서에는 카르탕의 논문이 실리고, 오카 선생님의 논문은 읽히지 않았죠. 유명해진 오카 선생님에게 학생들이 찾아오기도 했어요. 카르탕의 이론을 교과서에서 읽은 학생이요. 하지만 그 따위 건 자신의 이론이 아니라고 말씀하셨죠. 정작 학생은 왜 선생님이 화를 내는지 모르는 채, 존경하는 분께 그런 애기를 들은 거죠."

"그렇군요. 난제를 쓰루카메잔으로 푼 사람은, 같은 이론에서 연립방정식이 나왔다고 해도 기쁘지 않은 거군요. 뭔가 어긋난 거죠."

"오카 선생님의 논문이 카르탕에 의해 수정된 거죠. 선생님이 가장 강조하고 싶었던 부분이 삭제되어 버린 거예요. 주관적인 부분이죠. 나는 무엇을 위해 논문을 썼나, 하는 말이 서문부터 다 지워져 버린 거예요. 카르탕 입장에서 보면 필요 없는 부분이었던 거죠."

"왜죠?"

"지금의 수학은 주관을 써서는 안 된다고 되어 있어요. 객관성을 중시하기 위해서죠. 수학을 연구하는 의도나 동기를 쓰면 지도 교수에게 혼나죠. 담담히 명제와 증명만 쓰면 된다는 거예요."

왠지 그것도 아쉽다.

"즉 개인적인 발상 같은 건 특수한 방법이라면서 가치를 도출하지 않아요. 대신 보편성이나 일반성, 엄밀성에 중점을 두죠."

점점 알 것 같다. 확실히 거북이가 벌떡 일어서는 아이디어는 그리 쉽게 떠올릴 수 없다. 천재 아니면 득도한 장인의 신기 같은 것으로, 아무나 흉내 낼 수 있는 것이 아니다.

한편 연립방정식은 한번 외우면 누구나 문제를 풀 수 있다. 천재가 아니라도, 지극히 평범한 사람이라도 말이다.

"누구나 이해할 수 있는 엄청 편리한 도구인 거죠. 지금의 수학은 어떤 의미에서는 무척 간단해서 앞에서부터 읽어 나가면 제대로 논리 구조를 좇아갈 수 있도록 되어 있어요. 어느 정도 훈련은 필요하지만, 운전학원에서 배우는 자동차 운전이나 컴퓨터 조작 같은 훈련이에요. 특별한 재능은 필요 없죠. 그렇다고 특별히 재미있지도 않고요."

확실히 자동차 운전이나 컴퓨터 조작 그 자체가 재미있다는 건 상상하기 힘들다. 단순 작업에 지나지 않으니까.

"예술성을 잃어버리는 거예요. 오카 선생님이 말하는 정서가 없어지죠. 그러면 뭘 위해 수학을 하겠어요? 자신의 감동과 연결 지을 수 없는 무언가를 계속 공부한다는 건 이상하지 않나요?"

으음. 나는 생각에 잠기고 말았다.

국민 국가가 성장하고 전쟁이 일어나던 시절에 수학의 전환이 일어났다. 일부 귀족의 특권이 국민에게 열리던 큰 흐름 안에서 모든 사람이 교육을 받고, 선거를 하고, 전쟁에도 투입되던 시절이었다.

어쩌면 현대 수학을 만든 사람들은 천재에게만 허락되었던 수학이라는 신비한 세계를 모든 사람에게 부여하려 한 것인지도 모른다. 자동차 운전과 컴퓨터 조작처럼 연습하면 누구나 사용할 수 있는 도구에 지나지 않았는지도 모른다.

"추상화의 동기 말인가요? 어쩌면 있는지도 모르죠. 현대 수학의 기초를 만든 데데킨트나 코시는 학교에서 가르칠 때를 위해 수와 함수의 정의를 만들려고 했던 것 같거든요."

그건 그걸로 의미 있는 일이다. 그러나 동시에 신비의 실추도 의미한다.

가령 칠기는 하나하나 장인이 손으로 만들던 시절에는 비싸서 누구나 손쉽게 쓸 수 있는 물건이 아니었다. 그러나 지금은 대량으로 생산되면서 질을 고집하지 않는다면 저가 매장에서도 살 수 있다. 편리하다면 편리한 얘기다. 하지만 옛날 사람이 칠기에 품었던 로망을, 장인이 쏟았던 혼을 우리는 잃어버렸는지도 모른다.

같은 일이 수학에서도 일어났다면?

다카세 선생님은 계속해서 말했다.

"오카 선생님의 연작 중 열 번째 논문, 마지막 논문이죠, 그 서문에는 현대 수학에 대한 비판이 쓰여 있어요. '나는 이 상황을 겨울 풍경이라고 생각한다'라고요. 다시 한번 봄을 느끼도록 하는 글을 쓰고자 하는 마음에 이 논문을 쓴다고……."

한 장의 커다란 그림을 그리듯 수학을 했다

분명 수학은 약간 겨울 느낌을 풍기는지도 모른다.

인간의 온기가 느껴지지 않는다.

수학 교과서에는 낙서한 기억이 없다. 왜냐하면 인물 사진이 전혀 실리지 않았기 때문이다. 국어나 사회는 물론 화학이나 생물마저 이따금 위인의 사진이 실려 있어서 수염을 그리거나 했다. 수학은 의도적으로 인간의 기색을 지우려 하는 학문 같았다.

학을 x로, 거북이를 y로 치환한다. 논문에서 주관을 배제하고 누구라도 다룰 수 있는 것으로 만든다. 누구라도 다룰 수 있다는 것은, 어떤 의미에서는 그 누구의 존재도 전제하지 않는다는 뜻이다. 어딘지 차가운 인상을 준다.

다만 그런 아부하지 않는 완벽함이야말로 수학의 매력이라고 생각할 때도 있지만.

"수학에서 본래 사람과 사람의 교류는 매우 진했어요. 그게 잘려 버린 거죠. 두 차례의 세계대전을 치르면서 프랑스에서는 수학자가 많이 죽었어요. 카르탕과 베유의 수학, 현대 수학만이 살아남았죠. 독일 수학도 전멸하고 말았어요. 남은 수학자는 미국으로 건너가 미국화되었고요. 거기에서 단절이 발생한 거죠."

"겨울 풍경의 수학이 주류가 되어 버린 채 지금에 이른다는 말씀이네요."

"하지만 말예요. 모두 수학은 진보하고 있다고 생각해요. 절단이 있다고 말하는 건 저뿐이죠."

"저기, 지금 수학에는 어떤 문제가 있나요? 재미없다는 건 알겠는데, 그 밖에는……?"

"문제를 만들지 못하는 거예요. 제 생각이지만요."

다카세 선생님이 고개를 한 번 끄덕였다.

"문제를 푸는 힘은 매우 강해졌어요. 그래서 베유 가설 같은 것도 풀렸죠. 그것이 현대 수학의 최대 성과예요. 그래도요, 그 문제라는 건 쓰루카메잔의 세계에서 끌어올린 거예요. 리만이라든가 아벨, 크로네커, 힐베르트 같은 쓰루카메잔 세계 사람이 만든 문제에 필적하는 현대 수학 문제는 이거다, 라고 일종의 모조품을 만들어서 그 모조품을 풀고 있는 거예요. 현대 수학 중에서 자연히 생성된 것이 아니고요."

"뭐랄까, 시험관 속에서의 실험만 성공한 느낌인가요?"

"그런 거죠. 문제를 그런 식으로밖에 못 만들게 된 거예요. 그것도 점점 세분화해서 문제가 마니악해지죠. 같은 전문 분야 사람만 이해할 수 있는 문제가 돼요. 그래서 교류가 필요해지고, 그것을 공동 연구라고 명명하죠. 한패 속에서 또다시 세분화되는 거예요."

"그런 말을 들으면 점점 쇠퇴하는 것만 같은데요……."

"그래서 머리를 싸매고 실용 학문과 연결 지으려는 거예요. 수학을 실제 사회에 활용해 가자는 방향으로 살길을 모색하고 있는 거죠. 암호 연구라든가."

말투는 여전히 부드럽지만, 현대 수학은 타락했다고 말하는 것만 같다.

"옛날 수학에서는 어떤 식으로 문제를 만들었나요?"

"가우스를 예로 들어 볼까요? 그는 17세에 어떤 훌륭한, 하나의 발견을 했어요. 그런데요, 그 진리의 배경에는 어떤 거대한 것이 숨겨져 있어서 그 일각만이 보이는 느낌이 들었다고 쓰고 있어요. 그 거대한 무언가를 명백히 밝히고 싶다고 생각했다고요."

"그렇군요. 문제는 충동적으로 인간에게서 나오는 거네요."

"맞아요. 그렇게 밝히고 싶은 것, 알고 싶은 것, 만들어 내고 싶은 것에서 나오죠. 오카 선생님이 말씀하신 정서, 즉 수학이라는 틀 안에서 자기표현을 하고 싶은 거예요. 문제는 그렇게 태어나요."

그렇다면 문제를 만드는 것과 푸는 것은 이어진 행위다. 푸는 힘만 강해져도 뭔가가 이상해진다.

"옛날 수학은 자신이 지닌 수학의 세계관을 이용해서 한 장의 큰 그림을 그리는 행위였어요. 그 그림을 그리기 위한 안료부터 하나하나 전부 스스로 갖춘 후에 풀 수 있다고 믿고 마주해 갔죠."

그렇다면 그 풀고 싶다는 마음가짐은 무척 중요한 핵심이다. 오카의 논문에서 '나는 무엇을 위해 이 논문을 썼는가?'라는 서문을 삭제해 버린 카르탕. 둘의 사고방식은 확실히 정반대다.

"그럼 수학이란 지극히 개인적인 행위였네요."

"오카 선생님의 서문도 그렇고, 페르마도 마찬가지예요. 페르마는 편지를 자주 썼는데, 거기에 나는 이런 정리를 발견했다, 이걸 나는 'Theorem Fundamental—번역하면 기본 정리죠?—'그렇게 부르겠다고 쓰여 있어요. 페르마의 마음이, 감동이 전해져요. 그걸 계승해 가는 거죠. 제가 생각하기에는 이것이 수학이 주는 감동이 아닐까 싶어요."

"페르마의 정리 그 자체가 감동적인 것이 아니라, 페르마라는 인간의 마음에 감동하는 거네요."

"그렇죠. 이론 그 자체에 감동하는 것은 저는 잘 모르겠어요. 아름다운 수식이라든가 그런 말들을 하는데, 수식은 그저 수식일 뿐이라고 생각해요. 오일러의 $e^{\pi i}=-1$같은 것도요. 마치 아름다운 수식의 대표인 양 말하는데 사실 그건 그냥 식이에요, 식. 그래도 그것에 이르기까지 오일러가 어떻게 생각하고, 어떤 정체를 파헤치려 하고 한발 한발 나아갔는지가 여실히 드러나 있죠. 어떻게 헤매고, 고민하고, 번뜩였는지도요. 그것이 논문에 고스란히 담겨 있어요. 바로 그런 점이 감동적이죠. 오일러에게 공감하게 돼요."

교과서에 달랑 식만 실리니까 단순 암기 과목이 되어 버린다고, 다카세 선생님은 흘리듯 말했다.

"지금과 옛날은 꽤 차이가 있네요."

"지금은 본말이 전도되어 있어요. 재미없고 사소한, 하지만 어려운 문제를 거대한 이론을 구축해서 풀죠. 이렇게 완성된 이론을 수학의 발전이라고 생각하는 거예요. 푼 문제 자체는 별로 대단하지 않은데, 수학을 발전시키는 계기가 되었다고 간주하죠."

수학이 더욱 위대해져 버린 것일까?

인간이 무언가를 표현하기 위한 하나의 수단이었던 수학. 다카세 선생님의 생각을 듣고 나니 마치 위대해진 수학을 발전시키고 유지하기 위해 인간이 멸사봉공하는 듯하다.

무언가가 너무 거대해져 버리면 개인은 숨이 막혀 오는 법이다. 그건 수학뿐 아니라 사회나 기업, 혹은 문명에서도 마찬가지다.

옛 수학을 복원시키고 싶다

나와 다카세 선생님은 거의 쉬지 않고 세 시간 넘게 이야기를 나눴다. 문득 다카세 선생님이 곤란하다는 듯 웃는다.

"다른 선생님들은 어떤 식으로 말씀하셨나요? 저 같은 말, 했나요?"

다카세 선생님은 처음에는 인터뷰를 거절할 생각이었다고 한다. 그런데 내가 사정사정해서 만나 주신 것이다.

"저는 지금의 수학은 겨울 풍경이라고 생각해요. 하지만요, 그게 수학이라고 받아들이는 분도 있어요. 그런 사람이 대학교수가 되지요. 현대 수학 속에서 살아가는 사람들 안에 들어가서 수학이 겨울 풍경이네 어쩌네 하는 건 맞지 않는다고나 할까, 왠지 미안해서요. 마치 흉이라도 보는 것 같잖아요."

"그래도 저는 덕분에 수학에 품고 있던 답답함이 또 하나 풀린 기분이 들어요. 줄곧 겨울 풍경 수학을 해 왔다고 한다면 빠져들지 못했던 이유도 설명되는 것 같고요. 다른 선생님들은, 그렇죠……."

나는 지금껏 인터뷰에 응해 준 선생님들을 떠올렸다. 다양한 선생님들이 있었다.

가토 후미하루 선생님이나 지바 선생님, 후치노 씨는 현대 수학에 매료되어 그야말로 풍부한 정서를 발견하며 열심히 연구하는 분이라고 생각한다. 학자는 아니지만 '어른을 위한 수학교실: 나고미'의 호리구치 도모유키 선생님이나 마쓰나카 히로키 선생님도 여기에 속하는지 모른다. 현대 수학의 아름다움을 사랑하고 사회의 요구와 연결하는 작업을 열정적으로 하고 있다. 다카세 선생님과는 의견이 맞지 않을지도 모른다.

"하지만 이론뿐 아니라 인간에 대한 감동을 말씀해 주신 분도 있었어요."

구로카와 노부시게 선생님이 그랬다. 오일러의 논문을 읽으면 용기가 난다는 말씀을 해 주셨다. 가토 후미하루 선생님은 갈루아의 발자취를 좇는다는, 수학을 즐기는 방법을 알려 주셨다. 쓰다 이치로 선생님은 수학이란 '인간의 마음'이라고 잘라 말했다.

"같은 문제점을 언급해 주신 분도 계세요."

아하라 가즈시 선생님은 수학이 너무 어려워서 한 번 싫어졌다고 말했다. 그리고 하이프레인 등 좋아하는 분야의 연구를 하면서 일을 이어 가고 있다. 구로카와 선생님도 지금의 수학은 너무 어려워졌으므로 어딘가에서 새롭게 다시 태어

나는 것은 아닌가 하고 말씀하셨다.

"독자적으로 즐기는 방법을 발견하거나, 한창 찾고 있는 분도 있었죠."

개그맨 다카타 선생님은 수학을 오락으로써, 누구나 즐길 수 있는 것으로 만들려고 노력 중이다. 수학을 좋아하는 중학생, 통칭 제타형님은 수학과 어떻게 사귀는지, 애초에 수학이란 무엇인지를 모색하고 있다.

사람 수만큼 수학에 대한 생각이 존재했다.

수학을 창조하는 사람이 있고, 수학을 배우는 사람이 있고, 수학을 가르치는 사람이 있고, 수학으로 노는 사람이 있고, 수학을 싫어하는 사람이 있었다.

다카세 선생님은 고개를 끄덕이며 내 말에 수긍했다.

"무언가 자신이 흥미가 갈 법한 부분을 발견해서 꾸준히 하는 사람이 수학자가 되는 거예요. 그런 사람이 못 된다면 떨어져 나가겠죠."

확실히 수학 연구의 길에서 멀어져 버리는 사람의 이야기는 몇 번이고 들었다. 어떤 이유였는지 본인에게 물을 수밖에 없겠지만, 어쩌면 다카세 선생님과 같은 생각이었는지도 모른다.

"저는 말이죠, 고전 수학을 복원하고 싶어요. 즉 오카 선생님 같은 수학요. 공감하는 사람이 없나 싶은 마음에 고전을 번역하거나 책을 쓰고 있어요. 그래도 뜻이 맞는 친구가 좀처럼 안 나타나네요……."

싱글벙글 웃고는 있지만 다카세 선생님은 조금 외로운 듯 보였다.

지금의 수학, 옛날의 수학.

거부당했다고 쳐도, 진보가 계속되고 있다고 해도, 꽤 변화하고 있다는 걸 알 수 있다. 아마도 옛날은 옛날대로, 지금은 지금대로 문제나 불만은 늘 있기 마련이지 않을까?

그리고 인간의 취향도 다양해서, 그 시점에서의 수학에 완전히 풍덩 빠져 있는 사람이 있는가 하면 타협하면서 대하는 사람도 있으리라.

"2차 대전 종전 후에 말이죠, 신수학인 집단이라는 것이 있었어요. 약칭 SSS라고 했죠. 다니야마 도요라는 수학자가 중심이 되어 만든 단체로, 함께 수학을 배우려고 한 거죠. 그들은 현대 수학, 즉 당시의 새로운 수학을 동경했어요."

다카세 선생님은 어딘가 먼 곳을 보았다.

"겨울 풍경이라고는 생각하지 않았어요. 깊은 내용을 지닌 새로운 학문이 앞으로 완성되어 간다고 생각한 모양이에요. 그래서 그 기관지 원고를 보면 솔직하게 이런 내용이 쓰여 있어요. 새로운 수학 공부를 하면서 매우 곤란한 점이 있다,

무엇을 하는지 모르겠는 것이다, 라고요."

그야말로 수학이 재미없을 때 드는 기분이 아니던가.

그들 안에서도 망설임이 있었는지 모른다.

"필즈상Fields Medal의 초기 무렵 주제를 보면 말이죠, 로랑 슈바르츠의 초함수론이라든가 르네 톰의 코보디즘, 존 밀너의 미분 토폴로지의 7차원 이그조틱 구면…… 하나같이 엄청난 느낌이 들어서 왠지 여기에 훌륭한 것이 있지 않을까, 엄청나게 감동받는 곳으로 언젠가 당도하지 않을까, 하는 느낌이 들어요. 그래서 열심히 공부하려는 거죠. 하지만요, 저는 열심히 해도 아무것도 못 얻었어요. 그곳에는 아무것도 없더라고요."

그렇게 생각하니 왠지 슬픈 이야기이기도 하다.

"오카 선생님은 현대 수학을 만든 앙드레 베유와 만나서 이런 질문을 했다고 해요. 당신이 하는 집합론이라는 것의 재미는 뭐냐고요."

어떤 수학자든 각자의 생각을 가지고 성실히 노력한다. 그건 현대 수학이든 고전 수학이든 마찬가지일 터이다.

"베유의 대답은 '수학을 하다 보면 아무것도 없는 곳에 뭔가가 있다고 말해야 하는 일이 생긴다, 그럴 때 집합이라는 말은 매우 편리하다'였어요. '무슨 말인지는 알겠지만, 그렇다면 그건 어린이 장난감 같은 것이 아닐까?'라고 오카 선생님이 미출간 에세이에 쓰셨죠."

오카와 베유의 생각이 이렇게도 엇갈리듯 결정적인 단절도 생겨날 수 있는 것이다.

모든 수학자가 행복해지면 좋을 텐데, 라는 생각을 하지 않을 수 없었다.

앞으로의 수학

다카세 선생님은 현대 수학에 비판적인 입장이다. 싫어한다고 표현할 수 있을지도 모른다. 그러나 다카세 선생님은 자신의 마음에 성실하게, 추구하는 수학을 계속 찾으며 고전 수학에 가닿았다. 그리고 자신과 공명할 수 있는 동지를 찾아 발신을 이어 가고 있다.

그런 다카세 선생님이 수학을 싫어한다고는 도저히 생각할 수 없다. 오히려 무척 좋아한다고 해도 좋지 않을까?

우리는 에스컬레이터에서 내려 인사를 하고 헤어졌다. 마지막까지 밝았던 다카세 선생님이 멀어지는 뒷모습을 보면서 문득 나에게도 해당하는 것이 아닐까 싶었다.

수학이 재미없고 싫다고 생각한 때에 나는 수학책을 휙 내던지고 다른 것을 시작해 버렸다. 그러나 싫어하는 수학이 있다는 것은 그 반대로 좋아하는 수학이 어딘가에 있는지도 모른다는 뜻이다.

그것을 찾는 여행을 시작해도 좋다. 현대 수학 안에서 다른 분야를 배워도 좋고, 고전과 마주해도 좋다. 세계의 다른 장소에 찾으러 가도 좋다. 혹은 스스로 만들어도 좋다. 전혀 새로운, 자신이 재미있다고 생각하는 수학을.

후치노 사카에 선생님에게 "진정한 수학이란 무엇인가요?"라고 물은 적이 있다. 사카에 선생님은 조금 침묵한 후에 이렇게 답해 주었다.

"그 사람이 수학이라고 생각하는 게 진정한 수학이겠죠."

다수의 수학자가 오늘도 연구를 이어 가고 있다. 현대 수학이 벽에 부딪힌다고 해도, 어딘가에서 누군가가 새로운 수학을 싹틔우고 있는지도 모른다.

수학의 미래는 절대 어둡지 않다고, 나는 믿는다.

12
[아름다운 수학자들의 일상]

구로카와 노부시게, 구로카와 에이코, 구로카와 요코

"이 사람을 천재라고 생각한 적은 한 번도 없어요. 집에서는 천재 취급 못 받아요."

사모님이 너무도 확실히 잘라 말했기에 나는 조심조심 물었다.

"하지만 수학으로 계속 먹고살아 왔고, 지금도 새로운 논문을 연달아 발표하시는 구로카와 선생님은 대단한 분이라고 생각하는데요."

"수학이라는 유독 밝은 별이 있어서 사람들에게 '선생님'이라고 불리는 사람은 됐지만, 안 그랬으면 그저 괴짜일 뿐이니까요."

사모님은 후후후 웃으면서 손뼉을 짝 쳤다.

"아아, 그래도 방을 정리할 때는 살짝 그렇게 생각할 때도 있어요."

"그건 무슨 말씀이세요?"

"서류나 책이 엄청나요. 그래서 방 세 개가 그야말로 무너질 정도죠. 어질러져 있는 것들을 보면요, 장르가 다양해요. 잡지, 팸플릿에서부터 책도 수학은 물론 물리책도 있고 화학, 생물, 식물, 역사나 문학까지 뒤섞여 있어요. 보통 수학이라면 수학, 이쪽은 취미라고 나눠 둘 텐데 이 사람은 전부 뒤죽박죽이에요. 먹을 것이나 마실 것도 거기에 아무렇게나 널려 있고요. 그리고 본인은 적당한 책을 베개 삼아 자는 거죠."

엄청난 광경이다.

"그런 모습을 보면 혹시 천재인가 싶어요. 역시 보통 사람은 아니다."

"그곳에서 아름다운 수학 이론이 나온다고 생각하면 머릿속에서 뭔가가 일어나는지도 모르지요."

"보통 사람이라면 견디지 못해요, 그런 건."

기가 막히다는 듯이 사모님은 중얼거렸다.

"안녕하세요. 오랜만이네요."

나는 이제 온 구로카와 노부시게 선생님에게 고개를 숙여 인사했다.

"안녕하세요. 어서 오세요."

구로카와 선생님은 여전히 싱글벙글 웃으면서 커다란 몸집을 흔들며 고개를 숙이더니 소파에 앉았다. 점원에게 커피를 주문한 후 나는 감사 인사를 전했다.

"지난번에는 신세 많이 졌습니다. 항상 연재 글에 대한 감상을 보내 주셔서 정말로 고맙습니다."

"연재는 이제 2년 정도 돼 가나요?"

"1년 하고 조금 더 됐어요. 작년 11월호, 구로카와 선생님을 인터뷰한 회가 시작이었으니까요."

소데야마 씨와 함께 도쿄공업대학을 방문한 날이 아득한 옛일처럼 느껴졌다. 살면서 처음으로 수학자를 만나는 것이라 꽤 긴장한 채 찾아갔었다. 그 후로 구로카와 선생님은 퇴직하여 도쿄공업대학을 떠났지만, 지금은 연재와 강의로 더욱 바쁜 나날을 보내고 있다.

"여러 가지로 수학에 관련한 분들께 이야기를 들었는데요, 수학에 대한 이미지가 완전히 바뀌었어요."

"아, 그래요?"

"즐겁게 수학을 하는 분도 계셨고 고전 수학이야말로 훌륭하다, 현대 수학은 겨울 풍경이라고 말씀하시는 분도 계셨어요. 수학으로 개그를 하는 분도 있고요. 확실히 일반인과는 분위기가 다른 분도 있는가 하면 무척 대화하기 편한 분도 있었죠."

"수학 말고는 완전히 엉터리라는 게 세상 사람들이 기대하는 수학자상인지도 모르죠."

구로카와 선생님은 싱글벙글 웃었다.

"이번에는 갑자기 부탁드려 죄송합니다. 마지막 회를 맞이해서 다시 한번 구로카와 선생님을 만나 제 안에서 수학에 관한 답을 내고 싶었어요."

약간 건방진 말인지도 모른다. 하지만 구로카와 선생님은 순순히 수락해 주었다.

"알겠어요. 네, 그거야 물론 책임상. 네."

"남편의 일은 전혀 돕지 않아요."

사모님은 딱 부러지게 말하는 분이지만, 말투는 차분했다.

"구로카와 선생님은 수학책도 많이 쓰셨는데요, 사모님도 읽으셨나요?"

"안 봐요."

이 역시 딱 부러지게 답했다.

"수식이 나오는 것만으로도 무슨 소린지 모르겠는걸요. 그래서 저는 수식을 빼고 글자 부분만 읽고 싶다고 했더니 본인은 웃는 거예요. '당신은 그런 식으로 읽는구나'라면서요."

그래야 더 많은 사람이 읽을 수 있는 책이 될 것 같은데, 라고 사모님은 푸념한다.

"얼마 전에도 '2의 마이너스30 몇 제곱'인지 뭔지가 나와서 마이너스 제곱은 대체 뭐냐고 화냈더니 웃는 거예요. '분수야'라고 가르쳐 줬지만요. 그렇다면 분수라고 쓰면 나도 알 수 있는데 왜 굳이 마이너스를 쓰는지 원."

"구로카와 선생님이 하시는 수학의 세계, 전부 이해하고 싶다고 생각한 적은 있으세요?"

"없어요. 이해 못 하죠. 하고 싶어도."

사모님인 에이코 씨가 흘금 옆을 봤다. 딸인 요코 씨가 앉아 있다. 요코 씨도 "응" 하고 고개를 끄덕였다.

"만약 이해할 수 있다면 어떨까요?"

그러자 사모님은 조금 생각에 잠기더니 입을 열었다.

"애초에 저는 문과거든요. 문과와 문과는 싸움이 일어난다고 생각해요. 하지만 문과와 이과는 서로 존경할 수 있지 않을까 싶어요."

"서로 다른 세계니까요?"

"맞아요. 그래서 저는 안 읽어요. 남편이 책 나왔다며 가져와도 몇 권 정도 팔렸나 확인하는 수준이에요. 그래서 몇십 권 인세가 7000엔이라는 말을 들으면, '그러면 밀리언셀러를 목표로 해!'라며 약간 놀리고 말죠."

이해할 수 없는 부분이 있기에 존경할 수 있고, 존경하고 있기에 놀릴 수도 있으리라.

"가장 놀란 건 수학은 생각보다 훨씬 넓은 세계구나, 하는 점이었어요."

구로카와 선생님께 내 생각을 말했다.

"입시를 준비하면서 공부한 수학은 솔직히 현실과 무슨 관련이 있는지 잘 몰랐어요. 왠지 특수한 세계라고 생각했죠. 하지만 수학은 사실 다양한 곳에 숨어 있었어요. 된장국의 대류라든가, 관광지에서 다리를 건너는 법이라든가, 음식에 설탕을 섞는 움직임이라든가 말이죠."

"맞아요. 그래서 수학을 하나의 언어라고 생각하는 거예요."

구로카와 선생님은 동의해 주었다.

"일본어나 영어 같은 다양한 언어의 하나로서 수학이라는 것이 존재한다고 생각해요. 이 언어를 사용하면 어떤 사안을 매우 엄밀히 쓸 수 있는 거죠. 일본어로 쉽게 쓸 수 있는 내용을 억지로 수학으로 쓸 필요는 없지만, 개중에는 수학으로 써야 이해가 아주 잘되는 일이 있거든요."

"가령 어떤 건가요?"

"'뭔가가 존재하지 않는다'는 것을 증명하려 하면 보통의 언어로는 결말 안 나는 논쟁이 되어 버리죠. 없는 것은 보여 줄 수 없다든가 하는 식으로요. 그래도 수학이라면 5차 방정식의 해법 공식은 존재하지 않는다고 이론적으로 나타낼 수 있어요. 없는 것을 증명하는 일은 수학의 사용법으로써 일반적이죠."

"그런 이점을 지닌 언어라는 거네요."

"그렇죠. 그래서 지금껏 없던 걸 하는 데 매우 유리한 언어라는 생각이 들어요. 특히 저는 누구도 하지 않는 수학을 하는 것이 취미예요. '다중 삼각함수론'은 제가 만든 것인데, 그런 걸 만드는 일은 단순히 재미있어요."

수학자 중에도 다양한 사람이 있다기보다는 원래 다양한 사람이 있고, 우연히 공통 언어로써 수학을 사용한다는 뜻일까?

"네, 그것도 있죠. 그리고 일본어에도 고어와 현대어가 있잖아요. 수학에도 그런 차이가 있어요. 적어도 3000년을 이어져 온 언어니까요."

일본어조차 자꾸만 새로운 언어가 생겨나고 오래된 언어가 사라진다. 나이 든 사람과 젊은이 사이에 말이 안 통하는 일은 자주 일어난다. 수학에서 축적한 3000년이라는 시간을 생각하면 아찔해진다.

"어떤 부분을 하려는가에 따라서도 달라져요. 고전을 하는 사람이 있는가 하면 현대의 최첨단을 가는 사람도 있죠. 현대 수학이라고 해도 완성된 것이 있는 게 아니니까요. 항상 변화하고 있고, 여기저기서 다양한 시도를 하죠."

"수학이라는 걸 다루는 방식도 사람에 따라 다르더군요.

아름다운 이론 그 자체를 보는 사람이 있는가 하면, 거기에 이르기까지의 수학자의 삶을 보는 사람도 있어요. 학교 교과의 하나라는 좁은 견해가 있는가 하면 태고부터 이어진 인류 지성의 커다란 흐름이라는 견해도 있고요. 수학을 하는 사람이라고 해도 좀처럼 하나로 묶을 수 없더라고요."

"네. 크게 '일본어를 하는 사람' 같은 틀 정도는 있겠지만요. 수학에도 방언 같은 게 있어요. 표준어로는 표현할 수 없는, 방언에만 있는 표현도 있고요. 하지만 방언도 어느 정도는 통하죠. 공리라든가 그런 규범이 있으니 미묘한 뉘앙스는 이해 못 할지 몰라도 큰 의미는 알 수 있어요."

그러므로 수많은 사람이 그곳에서 공존할 수 있으리라. 구로카와 선생님은 이어 말했다.

"현대음악에는 전위적인 것이 있어요. 존 케이지가 작곡한 〈4분 33초〉 같은 것이오."

"네. 4분 33초 동안 아무것도 연주하지 않는 곡이죠."

"수학에도 그런 것이 있어요. 가령 '일원체상의 수학'이라는 것은 전위음악에 가까워요. 즉 그런 것은 존재하지 않는다고 말하는 사람도 있어요. 하지만 그건 어떤 의미에서 존재하고 잘 쓰면 이론도 완성할 수 있어요. 저는 마침 그 부분을 하고 있어요."

"넓네요, 수학의 저변은."

“어디까지를 수학의 논리로서 허용해야 하는가, 라는 논의도 물론 있어요. ‘수학기초론’이라고 해요. 국어로 말하면 문법이죠. 문법에 매우 관심이 있어서 연구하는 사람이 있는가 하면, 문법에 깊이 들어갈 생각은 없고 더욱 현실적인 문제를 푸는 데 열심인 사람도 있죠.”

그야말로 언어다. 사용법은 그것을 사용하는 사람에게 달려 있다.

수학은 실제로는 일본어와 전혀 다른 언어라고 생각한다. 그렇기에 이과와 문과로 나뉘는 것이다.

하지만 일본어도 수학도 마찬가지로 ‘언어’라고 생각하면, 양쪽 모두 문과 계열이라고 할 수 있을지도 모른다. 경계를 넣을지 말지는 자유다.

“구로카와 선생님, 평소에는 어떤 느낌인가요?”

내 질문에 사모님과 요코 씨는 마주 보았다.

“전철에 타면 서서히 메모를 시작해요.”

“가족 여행 때도요?”

“네. 함께 경치를 본다 해도 머릿속은 수학으로 가득해서 실은 보고 있지 않다고나 할까요? 뭐라고 설명하면 좋을까.”

사모님은 예를 하나 들어 주었다.

“얼마 전에 외출할 때 ‘선물은 현관 봉투에 들어 있어’라고 얘기해 줬어요. 그랬더니 '그럼 이걸 가져가면 되겠네'라며 이 사람이 제초제와 비료가 들어 있는 비닐봉지를 들어 올리는 거예요. 이쪽에 종이봉투가 떡하니 있는데 왜 그쪽을 고를까 싶어요."

"내용물을 확인 안 하시나 보네요."

"보이지 않는 거라고 생각해요. 가서 거기에 있는 무언가를 두고 '이거구나'라고 생각하는 거죠. 예전에 깔끔한 걸 좋아하는 누님이 이 사람 교과서를 전부 포장지로 싼 적이 있다고 해요. 그런데 어제와 다른 상황에 깜짝 놀라서 한 시간 정도 교과서를 못 찾고 계속 헤맸대요."

약간 융통성이 없는 걸까?

"아빠랑 저랑 남동생, 이렇게 셋이서 자전거를 타고 도서관에 간 적이 있어요."

이번에는 요코 씨가 말한다.

"아빠, 저, 남동생 키 순서대로 나란히 가다 보니 아빠는 맨 뒤가 안 보이는 거예요. 꽤 아슬아슬할 때 차도를 건너는 바람에 남동생이 치일 뻔한 적도 있어요."

사모님이 고개를 끄덕였다.

"신경을 못 쓰는 거예요. 자기 페이스로 페달을 밟아 버리니까요. 아마도 즐겁게, 대장이 된 기분으로요. 하나에 집중하면 다른 것이 눈에 안 들어와요. 엄마라면 아이의 상태도

살피면서 주의하잖아요? 이 사람은 그런 걸 못 해요. 수학의 열 수 앞까지는 읽을지 몰라도 다른 것은 예상을 못 하죠."

구로카와 선생님이 무시무시한 집중력의 소유자라는 사실, 그리고 덕분에 일상생활에서는 꽤 애를 먹는다는 걸 알 수 있었다.

"현실 생활이 힘들다고 생각한 적은 있지만 수학이 힘들다고 생각한 적은 없어요."

구로카와 선생님은 가만히 앉아 눈을 깜박였다.

"수학은 매우 아름다운 세계에서 이론도 확실히 통하는, 무척 이상적인 것이거든요. 하지만 현실 세계는 그렇게 이상적이지 않지요. 그래서 굳이 말하자면 수학의 나라로 가고 싶다고 생각해요. 누구도 거짓말을 하지 않고 바른 말을 하는 수학의 나라."

"문제를 풀 수 없어서 괴롭다든가 하는 일은 없나요?"

"으음, 그건 어떤 의미에서는 당연한 거예요. 오히려 풀지 못하는 것을 즐기죠. 못 풀면 즐길 시간이 길어지잖아요. 전철 같은 경우도 신칸센은 확실히 빠르지만, 완행을 타야 즐길 시간이 더 길어지죠. 그래서 저는 '청춘18 티켓'이 정말 좋아요."

"수학이라고 하면 문제를 푸는 것이 가장 중요하다고 생각했어요."

"학교 교육에서 시험이라든가 입시에서는 그렇죠. 하지만 그건 인류 중 누군가가 한 번 푼 것을 다른 사람에게 다시 풀게 하는 거죠. 어떤 의미에서는 쓸데없는 작업이에요. 괴롭힘에 가깝죠."

구로카와 선생님은 강둑에 돌을 쌓았다가 다시 무너뜨리는 일이라도 되는 듯이 말했다.

"그래서 새로운 가설을 세워 가는, 새로운 문제를 만들어 가는 것이 수학을 즐기는 올바른 방법이라고 생각해요."

"그리고 그 새로이 만든 문제가 풀리지 않는 것을 즐기는 건가요? 어떤 식으로 진행하시나요?"

"수학은 스스로 다양하게 생각해야만 해요. 물리 같은 건 '귀 학문'인 부분도 있지만."

"귀 학문이란 건 뭔가요?"

"수학에서는 '뭔가를 해결했다'고 발표해도 금방은 신뢰받지 못해요. 스스로 확인하기 전까지는요. 하지만 물리는 하나하나 확인하고 있으면 뒤처지기 때문에 해결된 셈 치죠. 그게 꽤 다른 부분이에요. 어떤 학회에서 하는 발표라는 게 그다지 의미가 없고 최종적으로 논문이 되어 출판되었을 때, 즉 여러 사람에 의한 검정을 거쳐서 틀림이 없다는 단계가 되어서야 비로소 의미가 있죠."

구로카와 선생님은 간단하다는 듯이 말했지만, 이건 꽤 엄청난 일인지도 모른다.

"이건 설탕 병이에요"라고 건네받았을 때, 보통 사람은 딱히 아무 생각도 하지 않고 커피에 넣어서 마실 것이다. 하지만 수학자는 자기가 찍어서 먹어 보고 확인한 후에 확실히 설탕이라는 걸 납득해야만 넣는다. 그런 이야기인 것이다. 아니, 애초에 커피에 설탕을 넣으면 맛있다는 것조차 의심하고 덤벼들지도 모른다. '애초에 맛있다는 것의 정의란 무엇인가?'에서 사고를 진행할 수도 있다.

"그래서 의심하는 힘이 강한 사람이 더 행복한지도 몰라요. 자꾸만 납득해 버리는 사람은 수학을 학습할 때는 유리하지만, 연구하고 새로운 것을 탐구하는 입장에서는 불리해요."

"그렇군요. 의심한다는 건 그곳에 새로운 문제를 만든다는 것이 된다……."

"네. 학습하면서 수긍이 간다는 것은 즉 자신의 사고방식이 과거와 닮았다는 거예요. 반대로 말하면 지금껏 풀지 못했던 문제를 푸는 데는 맞지 않아요. 과거의 사고방식으로 풀 수 없었기에 그야말로 미해결 문제로서 남아 있는 거니까요."

"과연. 그럼 보통과는 다른 견해가 필요한 거네요."

"그렇죠."

"수긍하지 않고 의심해서 그것을 관철하는."

"네. 고다이라 구니히코 씨라는 필즈상 수상자는 '수학이란 연못 아래의 진흙 속을 기어 다니는 것과 같다'고 말했어요. 연못 안에서 혼자 이것도 아니네, 저것도 아니네 하면서 오랜 시간을 보낸 후에야 물 밖으로 나온다고요."

"그런 연못 속 작업에서 즐거움을 발견하는 건가요?"

"네."

나는 잠시 생각해 봤지만 무슨 소린지 전혀 이해가 되지 않았기에 다시 물어보았다.

"대체 어디에서 즐거움을 발견하시는 건가요?"

"으음, 다른 사람은 모르겠죠. 하지만 자신의 세계만으로 괴롭다는 건 매우 즐거운 일이에요. 다른 사람이 모르는 것을 하는 즐거움요."

"혹시 미지의 행성으로 모험을 떠나는 느낌일까요?"

"아아, 그것과 가까울 것 같네요."

수학자가 모두 소년처럼 반짝반짝 빛나는 눈동자를 지닌 이유를 알 것 같았다.

"아빠에게 수학을 배우려 해도, 잘 모르겠어요."

요코 씨는 쓴웃음을 짓는다.

"자꾸만 한 단 뛰어넘고 두 단 뛰어넘으면서 설명하니까요. 야구 선수 나가시마 시게오처럼요. '날아온 공을 치면 된다' 같은 식이에요. 모르는 사람의 마음을 이해 못 해요."

"댁에서의 평소 대화 방식은 어떠세요? 역시 논리 정연하게 수학처럼 말씀하시나요?"

"아니요."

사모님이 중얼거리고, 요코 씨도 고개를 끄덕인다.

"딱히 그런 느낌은 아니에요."

의외였다.

내가 듣기에 구로카와 선생님의 이야기는 무척 정돈되어 있고, 어려운 개념이 머릿속에 쏙 들어오는 듯했는데.

"아까 전철에서 메모를 한다고 했잖아요. 그것도 '이 사람 좀 이상하지 않나?' 싶은 메모예요."

"아아, 그러고 보니 연구실도 메모로 가득 차 있었어요. 메모가 몇 개 모이면 논문이 된다고 그러셨죠. 메모의 알맹이는 어떤가요? 수학 계산 같은 건가요?"

"아뇨, 그렇게는 보이지 않아요. 생물의 계통수인가? 싶은 느낌이에요."

왠지 깊이를 알 수 없는 분위기가 감돌았다.

"계산이라고 하면 우리는 등호로 연결하면서 위에서 아래로 이어 나가다가 마지막에 답이 나오잖아요. 그런 게 아니에요. 기호며 뭐며 페이지 한가득 별게 다 난무해요."

요코 씨가 사모님의 말을 거든다.

"때로는 알 수 없는 동물 같은 게 그려져 있기도 해요. 갑자기 마쓰오 바쇼의 하이쿠가 나오거나. 다양한 문화를 연결해서 하나의 세계로 조합해 구축하는 작업을 하시는 게 아닐까 싶어요."

"도, 동물요?"

보통과는 다른 견해. 늪 속을 계속 기어 다니는 즐거움.

구로카와 선생님 안에 그것들이 가득 차 있음을 대충 알 것 같았다.

"그랬나? 그런 걸 그렸는지 어쨌는지 기억이 안 나네요."

구로카와 선생님에게 물어보자 웃으면서 답해 주었다.

"하지만 제타 함수를 생각할 때 어떤 의미에서 제타 함수는 제타 혹성의 생물이라고 생각하거든요. 그걸 상상해서 스케치했는지도 모르죠. 사실은 그림을 잘 그리는 사람이 그려 주면 고마운 일일 텐데요."

"수학의 함수가 생물인가요?"

"어디까지나 이미지죠. 제타 안에는 식물에 해당하는 제타도 있고 동물에 해당하는 제타도 있다, 그런 사고방식을 하다 보면 실제로 논문을 쓰는 데 도움이 돼요. 다만 너무 공개적으로 발표하면 평판이 좋지 않으니 논문 안에는 안 쓰지만요."

"왠지 구로카와 선생님 안에서는 수학과 생물학의 경계가 없는 느낌이네요. 다양한 장르의 책을 이것저것 많이 사서 본다고 하셨는데요."

"으음, 내가 알고 싶은 분야, 읽고 싶다고 생각한 책을 모으는 것뿐이에요."

"뭐든 수학과 연결해서 받아들이게 되나요?"

"글쎄요. 안도 쇼에키라는 에도시대 사상가가 있는데요, 그 사람이 쓴 글을 읽고 있으면 어떤 의미에서 수학에 관해 쓴 것처럼 이해할 수도 있어요."

"그건 사상에 관해 쓰인……."

"네. 그 사람만의 독창적인 사상이죠. 그게 수학이라면 이런 말을 하고 싶었던 게 아닐까 하고 생각해 보는 거예요. 그런 일을 하기는 해요."

역시 언어다.

구로카와 선생님은 세상 속 다양한 것을 보고 들은 결과를 수학이라는 언어로 옮긴다. 글을 읽을 줄 아는 사람이 많지 않던 시절에 책 읽는 사람을 마술사처럼 보았듯이, 우리가 보면 마법처럼 여겨진다.

"그러고 보면 구로카와 선생님은 여행을 가서도 수학만 생각하고 경치는 보지 않는 것 같다고 사모님이 말씀하셨는데요."

"아니에요. 제대로 봐요."

구로카와 선생님은 쓴웃음을 지으며 부정했다.

"다만 경치를 보면서 수학을 할 때는 있어요. 아름다운 경치를 바라보면서 제타 혹성 경치도 이럴까 하고 상상의 나래를 펼치죠……."

그것을 경치를 본다고 할 수 있을까? 판단하기 어려운 부분이다.

"하지만 이벤트 같은 건 잘 챙기시는 편이에요."

요코 씨가 비디오카메라를 든 흉내를 낸다.

"다만 운동회 비디오를 찍고 있으면 반 정도는 하늘을 찍으세요. 계속 화면이 하늘이에요."

"그건 왜죠?"

"그냥 하늘을 좋아하세요."

사모님이 옆에서 참견한다.

"그래서 배터리가 다 닳아서 집에 가지러 가기도 해요. 대체 뭘 하는 건지."

"저도 하늘을 좋아하거든요. 아빠랑 구름을 보고 있으면 '오늘 구름을 그린 사람은 정말 솜씨가 좋네' 같은 말을 해요. 구름 그리는 직업이 하늘 위에 있다는 설정으로 촌평하는 거죠. 오늘은 못 그렸네, 라든가."

"동화 작가를 해도 잘했을 거예요."

사모님도 웃는다.

가족끼리 수학 이야기를 하는 일은 거의 없고, 오히려 구름이나 동물 같은 이야기를 자주 한다고 한다.

"아이들에게는 '투명한 책'이라는 걸 읽어 주곤 했어요."

"그게 뭔가요?"

몸을 앞으로 기울이는 나에게 요코 씨가 설명해 주었다.

"낮잠 잘 때 그림책을 읽어 주거나 하잖아요. 그때 오리지널 이야기를 해 주는 거예요. 여기에 책이 있다는 설정으로 즉흥적으로 이야기를 만들어 내는 거죠. 저와 남동생의 반응을 보면서요. '하늘에서 송충이가 내려왔다'는 장면에서 웃으면 송충이만 몇 번이고 내려오게 한다든가."

사모님이 의외라는 표정을 지었다.

"어머, 그렇게 눈치를 읽는 부분, 저이에게는 없다고 생각했는데."

"읽어요. 자꾸자꾸 내려오는 송충이의 양이 늘어난다든가 하죠."

이야기를 듣고 있자니 유쾌한 아버지로만 보인다. 적어도 투명 책을 읽을 때 구로카와 선생님은 수학을 잊고 있지 않을까?

요코 씨는 이런 식으로 표현했다.

"수학이라는 엄청나게 소중한 것이 항상 머릿속에 있어서 생활의 중심이 되었다고는 생각하지만, 가족은 가족 나름대로 소중히 하는 분이에요."

사모님도 끄덕인다.

"맞아요. 수학을 희생하더라도 가족을 위해 행동하리라고 생각해요. 그런 믿음은 있어요. 예를 들어 우리가 입원하면 매일 병원에는 와요. 이 아이가 태어났을 때도 매일 반드시 퇴근 후에 병원에 왔어요."

"병원에 와서 뭘 하셨나요?"

"싱글벙글 웃고 있어요."

"네, 싱글벙글 웃어요. 언제나처럼."

요코 씨도 사모님도 구로카와 선생님의 화난 얼굴을 본 적이 없다고 한다.

"가족과 수학 어느 쪽을 선택할 거냐고 묻는다면, 둘 다겠네요."

구로카와 선생님에게 확인하자 그런 대답을 했다.

"아뇨, 궁극적으로는 가족이죠."

수학의 나라에 가고 싶다고까지 말한 사람으로서는 조금 의외이기도 하다. 어쩌면 구로카와 선생님은 가족을 데리고 수학의 나라로 떠나고 싶은지도 모르겠다.

"아내는 생명력이 정말 강해요. 매우 유능하죠. 저는 대학 교수, 아내는 고등학교 국어 선생님을 했어요. 대학생들은 지도한다기보다 성장시키면 된다는 느낌이죠. 한편 고등학생은 퇴학시키지 않고 제대로 지도해야 하는 부분이 있잖아요. 아내는 그런 부분을 잘하죠."

"확실히 대조적인 성격이라고는 생각했어요. 사모님의 어떤 점에 끌리셨나요?"

"맞선을 봤는데요, 처리 속도가 빠른 거예요. 기댈 수 있었어요. 똑 부러진 '도시 여자' 같은 느낌으로요. 그래서 저는 현실적인 부분을 거의 생각하지 않아도 되죠. 제 은행 계좌가 어떻게 되어 있는지도 몰라요. 완전히 맡기고 있죠."

어쩌면 사모님이 있어 줬기에 구로카와 선생님은 안심하고 수학의 나라로 갈 수 있는지도 모른다.

"좋은 사람이구나, 하는 점이었죠."

사모님에게도 구로카와 선생님의 어떤 점에 끌렸는지를 물어보았다.

"나쁜 짓은 절대로 못 하는 사람이에요. 그리고 타인에게 강요하지도 않고요. 하고 싶은 건 하게 해 줘요."

"부엌에서 달그락달그락, 먹이를 찾으러 온 동물처럼 선반을 뒤질 때가 있어요. 그러다가 제가 부엌문을 열면 딱 멈춰서…….”

요코 씨가 알려 준다.

“입에 초콜릿을 묻히고 있으면서 ‘안 먹었어’라고 우기시죠.”

“맞아, 맞아. 선물로 받은 과자 같은 것도 먹고 나서 포장지를 위장해요. 마치 안에 아직 들어 있듯이 부풀려서 상자에 남겨 두죠. 그런 짓을 해도 어차피 들킬 텐데 말예요. 재미있는 생태라고 생각해요.”

사모님도 반쯤 포기한 듯하다. 과연, 하고 나는 감탄했다.

“천재에게도 일상이 있네요.”

“물론이죠. 평범해요. 아니, 평범 이하려나.”

“아까 종이 더미로 무너질 것 같은 방이 세 개 있다고 하셨는데요.”

“네. 바닥이 꺼진 방도 있어요.”

“저, 모든 집은 당연히 방 몇 개쯤 종이로 가득 차 있다고 생각했어요.”

사모님과 요코 씨가 각자 말한다.

“지금 남편이 쓰는 방은 안방에 인접해 있는데요, 화장실에 갈 때도 매번 착실히 자물쇠를 잠가요. 그래 봤자 종이로 뒤덮인 방인데 말예요. 훔쳐 갈 물건 같은 건 없어 보이는데도요. 도둑이 들어도 꼬리 내리고 돌아갈 거예요.”

“이미 빈집 털이가 다녀갔나 하는 느낌이잖아요.”

"맞아요. 제가 없으면 그냥 쓰레기 집이에요."

"맞아요, 맞아."

"리만 가설이라도 풀고 있고, 그 노트가 안에 있는 거라면 자물쇠를 잠그는 것도 이해하지만요. 때때로 이렇게 떠봐요. '지진이 나면 이거랑 이거 가지고 도망가자, 당신은 리만 푼 걸 가지고 도망가면 되겠네'라는 식으로요. 그 반응을 보면서 아직 안 풀었구나, 생각하죠."

수학자가 사는 가정에서 나눌 만한 대화다.

나는 다시금 구로카와 선생님께 감사 인사를 했다.

"오늘은 정말로 감사했습니다."

다시 인터뷰에 응해 주기만 한 것이 아니다. 사모님과 따님께 이야기를 듣고 싶다는 부탁까지 했는데, 구로카와 선생님은 흔쾌히 수락해 주었다.

"아뇨, 아뇨. 뭔가 참고가 되셨나요?"

"네. 엄청나게요."

취재를 시작하기 전, 수학자라고 하면 천재나 괴짜라는 이미지를 멋대로 그리고 있었다. 그래서 만나러 가기 전에는 긴장했고, 진귀한 동물이 든 우리를 구경하는 듯한 약간은 부정한 기대감이 있던 것도 자백하겠다.

그러나 수많은 사람에게 이야기를 듣는 동안 내 생각은 바뀌었다.

분명 수학자에게는 평범하지 않은 부분이 있다. 하지만 굉장히 친숙한 부분도 있다.

과연 어느 쪽이 실상인지 확인하고 싶어졌다. 거기에 수학에 대한 내 나름의 답이 있을 것 같았다. 그래서 언제나 수학자 곁에 있는 가족의 이야기를 듣고 싶었다.

구로카와 요코 씨는 극작가로서 활약하고 있다. 수학과는 전혀 다른 분야 같은데, 어떤 영향이 있었느냐고 물어보았다.

"수학이라는 중심이 내 안에 있기에 비로소 사회에 참여할 수 있다, 가령 사회에서 튕겨 나가도 나에게는 수학이라는 살아갈 길이 있다, 아빠에게는 그런 점이 있다고 생각해요. 저도 문학에 관해서는 그런 느낌인지도 몰라요. 그런 삶의 방식을 보여 주셨기에 어떤 의미에서 무척 자신감이 생겨요."

수학도 문학도 "무슨 도움이 돼?"라는 질문을 받을 것 같은 분야다. 그 탓인지, 문학을 지향하는 것에 대해 구로카와 선생님은 전혀 반대하지 않았다고 한다.

"그리고 저는 그다지 감정에 치우친 대사 같은 걸 쓰지 않아요. 어느 쪽이냐 하면 수학의 증명 같은 느낌으로, 이 무대에는 이런 문제가 있고 해결책을 이렇게 선택해 나간다는 식으로 논리를 세워서 쓰는 경향이 있어요. '수학스러운 작법이네요'라는 말을 듣기도 해요. 의식해서 그러는 것은 아니지만요."

그런 요코 씨가 태어났을 때 구로카와 선생님은 매우 기뻐했다고 한다.

"정말 정말 예뻐서 어쩔 줄을 몰라 하더라고요."

사모님이 아득한 눈을 했다.

"애가 울고 있으면 왜 울리냐고 하고, 아무도 얼씬 못 하게 하고, 이 애가 싫어하는 건 아무것도 시키지 않겠다고 하더라고요. 우유를 한없이 먹여서 토하게 하질 않나. 약간 헛도는 느낌이었죠."

둘은 우습다는 듯 웃었다.

"그럼 찍을게요!"

나는 카메라를 향해 신호를 보냈다. 소파에는 구로카와 선생님이 사모님과 요코 씨 사이에 앉아 있다. 여성 군단은 미소 지으며, 구로카와 선생님은 언제나처럼 똑바른 눈동자로 이쪽을 바라보았다. 요코 씨가 준비한 커다란 꽃다발이 유난히 아름답게 빛난다.

인터뷰를 끝내고 사진을 확인하면서 '세 분 정말 닮았네'라고 새삼 생각했다. 구로카와 선생님과 요코 씨뿐 아니라 구로카와 선생님과 사모님도 왠지 풍기는 분위기가 닮았다. 가족이다.

특이하다면 특이하고, 어디든 있다면 어디에든 있는 사람. 수학자를, 수학을 어떻게 해석할지는 자유다.

깨달은 것은 아름다운 수학의 밑바닥에 우리 주변과 마찬가지로 지극히 당연한 일상이 있다는 것.

그래서 수학자의 일상은, 참으로 아름답다.

"구로카와 선생님, 왜 선생님 방을 매번 잠그시나요?"

내가 묻자 구로카와 선생님이 씩 웃는다.

"리만 가설 증명, 누가 훔쳐 가면 어떡해요."

취재에 협력해 주신 여러분께 다시금 감사의 말씀을 전합니다.

이 책에 담은 것은 취재에 협력해 준 분들이 하시는 일의 극히 일부에 지나지 않는다는 점, 그리고 수학에 관여하는 분들의 극히 일부에 지나지 않는다는 점을 알아주시면 감사하겠습니다.

이 책의 취재는 2017년 5월부터 2018년 9월에 걸쳐 진행되었습니다. 본문에 등장하는 연령 등은 취재 당시의 정보입니다.

취재에 응해 주신 분들

구로카와 노부시게(黒川信重)

1952년 도치기현 출생. 1975년 도쿄공업대학 이학부 수학과 졸업. 1977년 동 대학원 이공학연구과 수학 전공 석사 과정 수료. 도쿄대학 조교수 등을 거쳐 도쿄공업대학 명예교수 재임. 이학 박사. 전문은 수론, 특히 해석적 정수론, 다중 삼각함수론, 제타 함수론, 보형 형식. 《리만 가설의 150년(リーマン予想の150年)》, 《제타의 모험과 진화(ゼータの冒険と進化)》, 《라마누잔 탐험: 천재 수학자의 기적을 살펴보다(ラマヌジャン探検 天才数学者の奇蹟をめぐる)》, 《절대 제타 함수론(絶対ゼータ関数論)》, 《리만의 꿈: 제타 함수 탐구(リーマンの夢 ゼータ関数の探求)》 등 저서 다수.

가토 후미하루(加藤文元)

1968년 미야기현 출생. 1997년 교토대학 대학원 이과연구과 수학 · 수리해석 전공 박사후 과정 수료. 박사(이학). 규슈대학 대학원 수리학연구과 조수, 교토대학 대학원 이학연구과 준교수, 구마모토대학 대학원 자연과학연구과 교수, 도쿄공업대학 대학원 이공학연구과 수학 전공 교수를 거쳐 2016년부터 도쿄공업대학 이학원 수학계 교수. 전문은 대수기하학, 수론기하학. 저서로 《갈루

아: 천재 수학자의 생애(ガロア 天才数学者の生涯)》, 《이야기 수학의 역사: 옳음에 대한 도전(物語 数学の歴史 正しさへの挑戦)》, 《수학하는 정신: 올바름의 창조, 아름다움의 발견(数学する精神 正しさの創造、美しさの発見)》, 《수학의 상상력: 옳음의 심층에는 무엇이 있는가(数学の想像力 正しさの深層に何があるのか)》 등이 있음.

지바 하야토(千葉逸人)
1982년 후쿠오카현 출생. 2001년 교토대학 공학부 입학. 2009년 교토대학 대학원 정보학연구과 수리공학 전공 박사 과정 수료. 규슈대학 매스포인더스트리연구소 준교수를 거쳐, 2019년부터 도호쿠대학 재료과학고등연구소 교수. 전문은 역학계이론, 미분방정식, 비선형함수방정식. 대학 3학년 때 《이거면 알 수 있다: 공학부에서 배우는 수학(これならわかる 工学部で学ぶ数学)》을 출간. 2013년에 〈후지와라 요 수리과학상 장려상〉 수상. 2015년에 당시 미해결 문제였던 구라모토 가설을 증명해 2016년 〈문부과학대신표창 젊은과학자상〉 수상. 저서로 《벡터 해석으로 보는 기하학 입문(ベクトル解析からの幾何学入門)》 등이 있음.

호리구치 도모유키(堀口智之)
1984년 니가타현 출생. 야마가타대학 이학부 물리학과 졸업. 세계 각국의 대학생이 참여하는 일본 최대 비즈니스플랜 콘테스트에서 특별상 수상. 20종 이상의 직업을 경험한 후 2010년 자본금 10만 엔으로 '어른을 위한 수학교실: 나고미' 창업, 2011년 회사화. 현재 나고미카라 주식회사 대표이사. 회원 수 3000명 이상, 강사 40명 이상 규모로 성장.

다카타 선생님(タカタ先生)
1982년 히로시마현 출생. 2005년 도쿄가쿠게이대학 교육학부 수학과 졸업. 현재 고등학교 수학 교사(비상근)와 개그맨으로 활동 중. '일본개그수학협회' 회장 활동, 이과 남성 개그맨들의 '이과 나이트' 출연 등 수학을 싫어하는 일

본인을 줄이기 위해 고군분투 중. 유튜브 채널 '개그수학강사♪ 다카타 선생님' 운영 중. 2016년 개그 콤비 '다카타 학원' 결성. 2017년 〈사이언스아고라상〉 수상(일본 개그수학협회로서). 공저 《웃는 수학(笑う数学)》(일본개그수학협회 명의).

마쓰나카 히로키(松中宏樹)

1986년 야마구치현 출생. 교토대학 대학원 정보학연구과 역학계 이론 분야 석사 과정 수료. 대학원 수료 후 국내 제조업체 근무 중 수학에 대한 꿈을 접지 못하고 31세에 퇴직. '어른을 위한 수학교실: 나고미' 강사 재직 중.

제타형님(ゼータ兄貴)

2003년 출생. 2018년 현재 도쿄 내 중학교 재학 중. 13세 때 수학에 눈뜨다.

쓰다 이치로(津田一郎)

1953년 오카야마현 출생. 이학박사. 수리과학자. 전문은 응용수학, 계산론적 신경과학, 복잡계과학. 오사카대학 이학부 졸업, 교토대학 대학원 이학연구과 박사 과정 수료. 규슈공업대학 조교수, 홋카이도대학 · 대학원 교수를 거쳐 현재 주부대학 창발학술원 교수. 일본에서 카오스학을 확립했다. HFSP Program Award(2010년), ICCN Merit Award(2013년) 등 수상. 저서로 《마음은 모두 수학이다(心はすべて数学である)》, 《뇌 안의 수학을 보다(脳のなかに数学を見る)》 등이 있음.

후치노 사카에(渕野昌)

1954년 도쿄도 출생. 1977년 와세다대학 이공학부 화학과 졸업. 1979년 동대학 이공학부 수학과 졸업. 1989년 Dr.rer.nat.(베를린자유대학). 1996년 Habilitation(교수 자격, 베를린자유대학). 하노버대학, 히브리대학, 베를린자유대학,기타미공업대학, 주부대학을 거쳐 현재 고베대학 대학원 시스템정보연구과 교수. 전문은 수리논리학, 특히 집합론과 그 응용. 저서로 《Emacs Lisp로

만들다(Emacs Lispでつくる)》, 공저로 《괴델과 20세기 논리학(로직)[ゲーデルと20世紀の論理学(ロジック)]》 제4권, 역서로 《수란 무엇인가 그리고 무엇이어야 하는가(数とは何かそして何であるべきか)》, 《현대의 불대수(現代のブール代数)》, 《거대기수의 집합론(巨大基数の集合論)》 등이 있음.

아하라 가즈시(阿原一志)

1963년 도쿄도 출생. 1992년 도쿄대학 대학원 이학연구과 수학 전공 박사 과정 수료. 현재, 메이지대학 종합수리학부 첨단미디어사이언스학과 교수. 전문은 위상기하학, 컴퓨팅 토폴로지. 기하학을 중심으로 널리 수학에 관계하는 소프트웨어를 개발. 저서로 《파리 컬렉션에서 수학을: 서스턴과 도전한 푸앵카레 추측(パリコレで数学を サーストンと挑んだポアンカレ予想)》, 《컴퓨터기하(コンピュータ幾何)》, 《하이프레인: 풀과 가위로 만드는 쌍곡평면(ハイプレイン のりとはさみでつくる双曲平面)》, 《계산으로 익히는 토폴로지(計算で身につくトポロジー)》 등이 있음. 취미는 피아노, 종이학 접기, 테니스.

다카세 마사히토(高瀬正仁)

1951년 군마현 세타군 히가시무라(현 미도리시) 출생. 수학자 겸 수학 역사가. 전문은 다변수함수론과 근대수학사. 《평전 오카 기요시(評伝岡潔)》 3부작 (별의 장, 꽃의 장, 무지개의 장), 《리만과 대수함수론: 서구 근대 수학의 결절점(リーマンと代数関数論 西欧近代の数学の結節点)》, 《수학사 발전: 원전 음미의 기쁨(数学史のすすめ 原典味読の愉しみ)》, 《오일러 난제에서 배우는 미분 방정식(オイラーの難問に学ぶ微分方程式)》 등 저서 다수.

옮긴이 **박제이**

출판 기획 · 번역자. 고려대학교 문예창작학과를 졸업하고 이화여자대학교 통역번역대학원에서 한일 전공 번역 석사 학위를 받았다. 옮긴 책으로 소설 《너의 이름은.》을 비롯하여 《일본의 내일》, 《책이나 읽을걸》, 《싫지만 싫지만은 않은》, 《고양이를 찍다》, 《공부의 철학》, 《목소리와 몸의 교양》, 《지층의 과학》, 이와나미 인문서 시리즈 《수학 공부법》, 《악이란 무엇인가》, 《포스트 자본주의》 등 다수가 있다.

수학을 좋아하지는 않지만,
어쩌면 재미있을지도 모르는

초판 1쇄 인쇄 2022년 3월 2일
초판 1쇄 발행 2022년 3월 11일

지은이 | 니노미야 아쓰토
옮긴이 | 박제이
발행인 | 강봉자, 김은경

펴낸곳 | (주)문학수첩
주소 | 경기도 파주시 회동길 503-1(문발동 633-4) 출판문화단지
전화 | 031-955-9088(마케팅부), 9534(편집부)
팩스 | 031-955-9066
등록 | 1991년 11월 27일 제16-482호

홈페이지 | www.moonhak.co.kr
블로그 | blog.naver.com/moonhak91
이메일 | moonhak@moonhak.co.kr

ISBN 978-89-8392-896-2 03400